JN263578

図 4－13　大島紬
奄美大島の伝統工芸品

図 5－6　自然界の構造色
玉虫の色は、羽の表面のキューティクルに反射した光の干渉による

図 5－13　オパールの輝き
層構造によって反射光が干渉し、構造色が現れる
（左：ブラックオパール、右：オーストラリアオパール）

図 5－14　宝石の色彩と輝き
鉱石の結晶に混じった微量の不純物金属の光吸収によって発色する
（左：ルビー、右：サファイア）

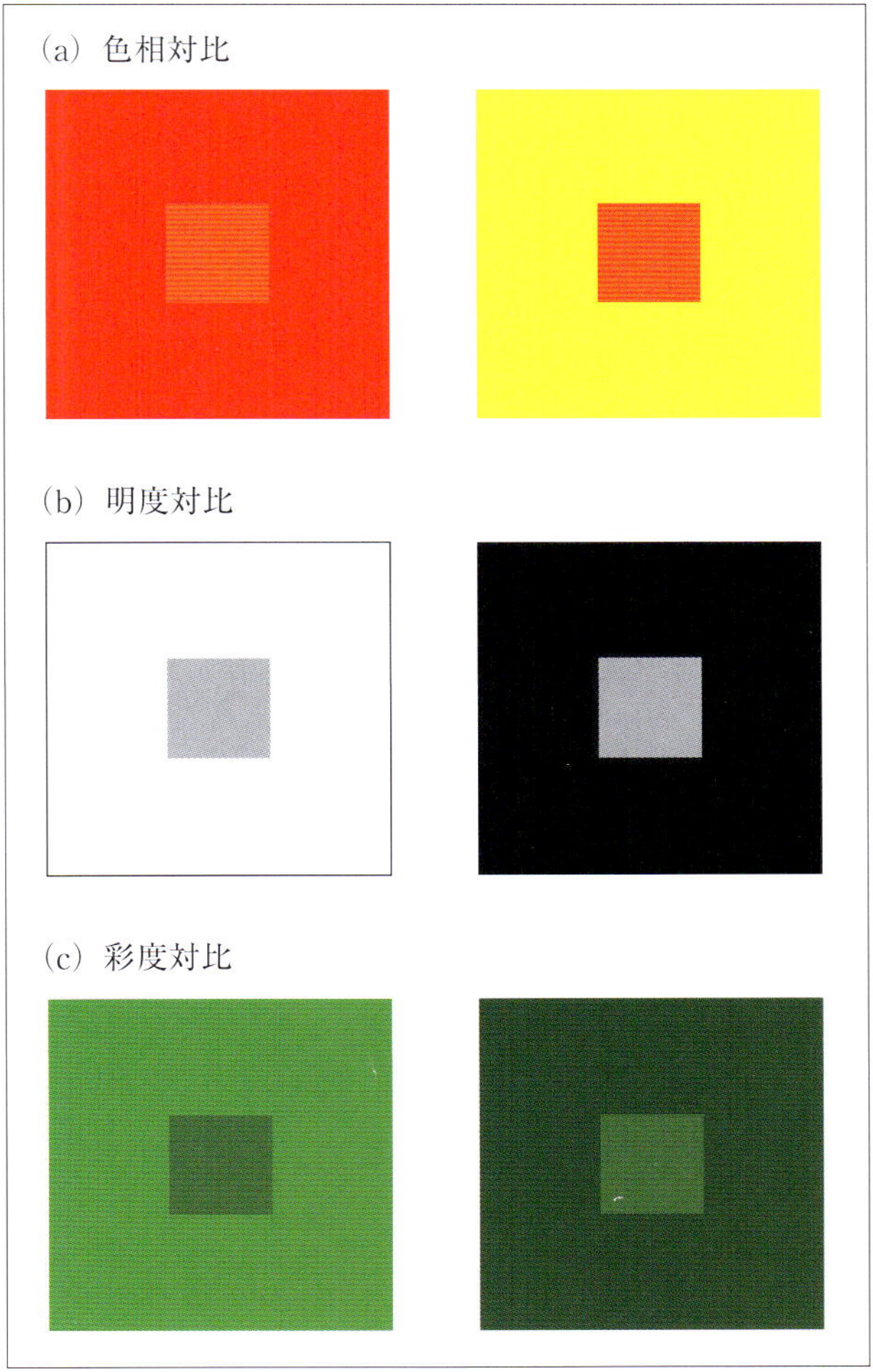

図6－3　色彩の対比

色相対比、明度対比、彩度対比などがある

(a) 色相同化

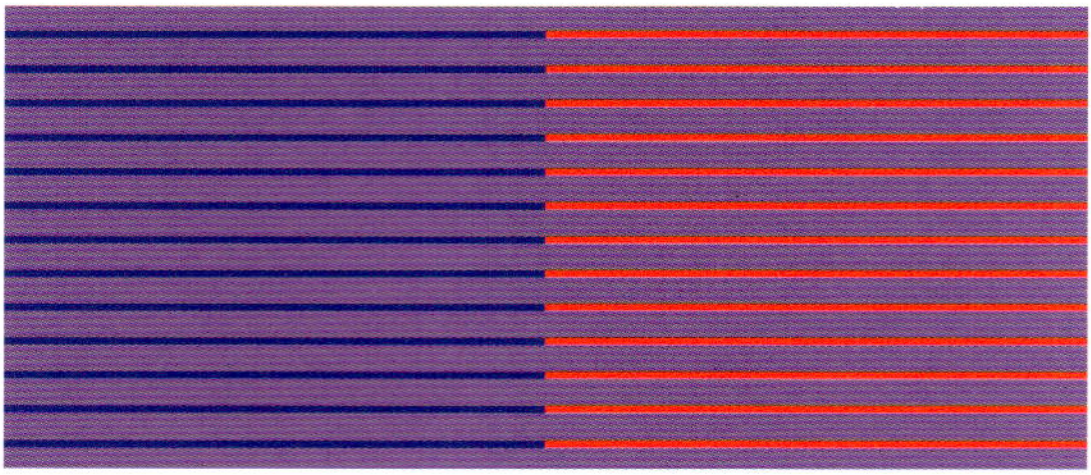

(b) 明度同化

(c) 彩度同化

図 6－4　色彩の同化

色相同化、明度同化、彩度同化などがある

光と色彩の科学

発色の原理から色の見える仕組みまで

齋藤勝裕 著

ブルーバックス

カバー装幀／芦澤泰偉・児崎雅淑
カバーイラスト／斉藤綾一
本文図版・目次／さくら工芸社

はじめに

〝赤いバラ〟も、〝赤いネオン〟もともに〝赤い色〟をしています。それでは〝バラの赤〟と〝ネオンの赤〟は同じ赤なのでしょうか？

ネオンは暗い夜の街で煌々《こうこう》と輝きます。しかし、バラの赤は暗い街ではくすんでしまいます。それどころか、真っ暗になったらバラそのものが見えなくなってしまいます。どうも、バラの赤とネオンの赤は違うようです。

ネオンサインは蛍光灯のようなものです。つまり、自ら赤い光を出しています。その赤い光が私たちの目に飛び込んでくるのです。ですから真っ暗なところでも赤く輝いて見えます。しかし、バラは赤い光だけでなく、どのような光も出しません。ですから、暗いところでは見えなくなるのです。

それではバラはなぜ赤く見えるのでしょう？　それは光を反射しているからです。太陽や電球の光がバラに反射して私たちの目に飛び込むので、私たちはバラを見ることができるのです。それなら、何でも反射する鏡は赤く見えるのかというと、そうではありません。なぜ、バラの反射光は赤いのでしょうか？

空はなぜ青く見えるのでしょう？　天気のよい日に空を見上げて目に入ってくるのは、太陽と雲と青い空です。雲は湯気のようなものですから、白く見えるのも分かるような気がします。それでは空は何からできているのでしょう？　地上から数十キロメートル上までは空気がありますが、上に行くにつれて空気は薄くなり、ついには真空の宇宙に繋《つな》がります。そのような空がなぜ青く見えるのでしょうか？

そもそも空気を構成する窒素や酸素に色はありません。なのに、昼間は青かった空が、夕方には赤くなるのです。

このように、私たちの身の回りで見られる光と色彩の関係は不思議に満ちています。人類がこの不思議に気付いたのはいまに始まったことではありません。ギリシャ時代のアリストテレスは、すでに現代の色彩論の基礎になるような考えを持っていました。しかし、光と色彩の関係を科学的に扱い、実験し、考察したのはニュートンでした。

ニュートンはプリズムで光を分光し、無色の太陽光の中に七色の色が存在しており、それを合わせるとまた元の無色の光に戻ることを発見しました。この発見が、バラの赤とネオンサインの赤に象徴される、現代光学の基礎を作ったのです。

一九世紀にはゲーテが『色彩論』を著し、ニュートンとは異なる視点から色彩について論じています。ゲーテはドイツの森にかかる神秘的な靄《もや》を目にしたとき、卓抜な直観力でその本質を見抜きました。それが現在、構造色と呼ばれる青空や夕焼け空の色の原理に繋がったのです。

光と色彩は不思議なものです。誰も手にとって見ることはできません。しかし、誰もが光と色を実感します。光を感じるのは視細胞の中にある、レチナールという小さな分子です。これが光に反応して変形し、その情報が脳に送られ、脳は光や色彩を感じるのです。もしかしたら、光や色彩は、レチナールと、神経伝達物質と呼ばれる分子と、脳の神経細胞を形作る分子たちが作り出した、壮大なフィクションなのかもしれません。

そのせいか、光や色彩は脳の活動に重要な影響を与えます。脳は光や色彩によって簡単に騙されます。錯覚や錯視といわれる現象です。それだけではありません。色や光によって人間の価値判断まで変えてしまうことがあります。最初に会うときに明るいところで会うか、暗いところで会うかによって印象が異なったり、洋服の色、化粧の仕方によって印象が異なることは日々経験することです。

このように光と色彩は、物理や化学に留まらず、社会科学、さらには歴史まで含めた壮大な現象なのです。

本書はこのような光と色彩の諸問題を、分かりやすく、楽しくお伝えしたいとの意図から作られたものです。専門用語をできるだけ避け、予備知識がなくても理解できるように必要な知識はその都度、解説したつもりです。本書を通して、光と色彩の不思議を楽しんでいただき、さらに身近に感じてもらえれば幸いです。

本書を書くに当たり、多くの方々のお力を借りました。この場をお借りして感謝申し上げます。最後に本書作成に並々ならぬご努力を払ってくださった、講談社の小澤久氏にあつく感謝申し上げます。

二〇一〇年八月

齋藤勝裕

第1章　色彩学の基礎

私たちは色彩に囲まれて生活しています。私たちが目にするほぼすべてのものは色彩を持っています。黒でさえも、〝青みがかった黒〟などといわれるように、多くの場合は色彩が混じっています。しかし、色彩を見るためには光が必要です。〝光がないところ〟で色彩を見ることはできませんし、〝光が十分にあるところ〟で色彩のない光景を目にすることはほとんどありません。

実はいまの言葉の中に色彩の本質があります。〝光がなければ色彩はない〟。光がなければ私たちは物を見ることはできず、必然的な結果として、色彩を感じることもできなくなります。それでは色彩は光なのでしょうか？　色彩＝光と考えてよいのでしょうか？

色彩は不思議な現象です。色彩を取り出して手にすることはできません。したがって、〝自分の感じる赤〟と〝ほかの人の感じる赤〟を比較することはできません。しかし、私たちは信号が〝赤〟になれば止まります。

こうした光と色彩の不思議については、ギリシャの昔から多くの科学者、哲学者が考え、研究してきました。

1―1　色の正体とは

色は手にとることも、入れ物に入れることもできません。体積も質量もありません。その意味では実体のないものです。しかし、通常の感覚のある人なら誰もが色を目にすることができ、その意味で色はきわめて実体験に根ざすものです。では、色とはいったい何でしょう。

光と色彩の研究の歴史

ギリシャ時代の哲学者アリストテレス（前三八四－前三二二）は、世界を構成する根本的な四つの元素――火、空気、水、土に対応する単一色があると考え、それらの混合によって多種多様の中間色が生まれると考えました。現在の色彩論の基礎を見てとることができます。

ゲーテ（一七四九－一八三二）も色彩に強い関心を持ったことで知られています。ゲーテは文学者らしく、色彩に関して文学的、芸術的な側面から迫ってゆきました。しかし、「無限の空間の暗黒が、日光によって照らされた大気の塵埃を通して眺められると、青い色が現はれる。日中高山では極わづかな細かい塵埃が無限の暗黒な空間の前に浮んで居るために、空は美くしい藤紫色に見える」（ゲーテ『色彩論』石原純訳）という記述には、現代でいう散乱に基づく構造色の考えが窺われ、当時主流であったニュートンの光学とは別の面に焦点を当てていたことが分かります。

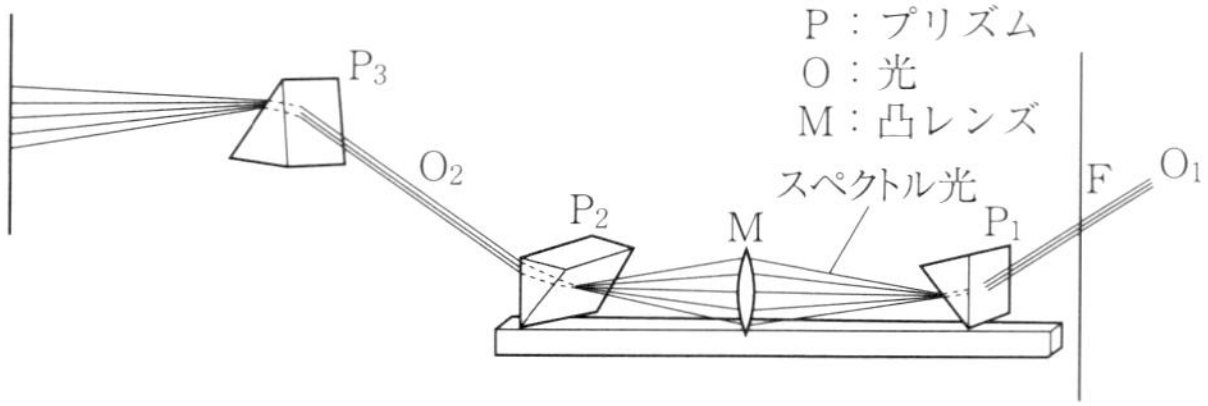

図1-1　ニュートンの混色実験　プリズムによる分光と混色。

ニュートンのプリズム実験

　科学的な見地から光と色彩を扱った例としてよく知られているのが、ニュートン（一六四二－一七二七）の実験です。ニュートンはプリズムを用いて光と色彩の関係を研究しました。

　ニュートンが用いた実験装置を図に示します（図1－1）。箱の壁に小さな穴Fをあけてそこから光O_1を小箱に導きます。この光をプリズムP_1に照射すると、光はプリズムによって分割されます。それをMに置いた白紙で受けます。すると、白紙には赤、橙、黄、緑、青、藍、紫に代表される、いわゆる虹の七色が浮かび上がります。

　これは、白色光、すなわち〝色のない光〟が虹の七色の〝色彩〟からできていることを表すものと考えられます。このように光をプリズムなどで分割したものを分光スペクトルといい、分割された光をスペクトル光、スペクトル光の色をスペクトル色と呼びます。

　ニュートンはこの虹の七色をまた混ぜたらどうなるかと考えました。そのため、Mに白紙の代わりに凸レンズを置いて虹の七色を集めました。そしてその焦点にプリズムP_2を置いたのです。すると、プリズムP_2から出た光O_2は無色の白色光となりました。これは虹の七色のスペクトル光を混ぜると白色光になる、すなわち、白色光は虹の七色からできているということを実証して見せたものです。

念のため、この光をプリズムP_3で分光すると、再び虹の七色に分割され、O_1とO_2はまったく同じ光であることも確認されました。

これは現在の私たちの科学知識からいったら当然の帰結であり、実験も簡単なものですが、当時の人たちにとっては画期的なものでした。

混色の実験

ただ単に光をプリズムで分割し、それをまた元に戻すだけだったら、小学生でも思いつきそうな実験です。しかし、ニュートンはそれだけにとどまりませんでした。ニュートンは面白い実験を思いつきました。Mで七色に分かれた光を凸レンズで集めるときに、特定の色を除いたのです。その結果はどうなったでしょう？

七色から赤を除いた六色をプリズムP_2に通します。するとP_2から出た光O_2は緑に見えるのです。反対に緑を消すと赤に見えます（図１－２）。このような関係にある赤と緑を互いに補色の関係にあるといいます。すなわち、赤は緑の補色であり、緑は赤の補色なのです。

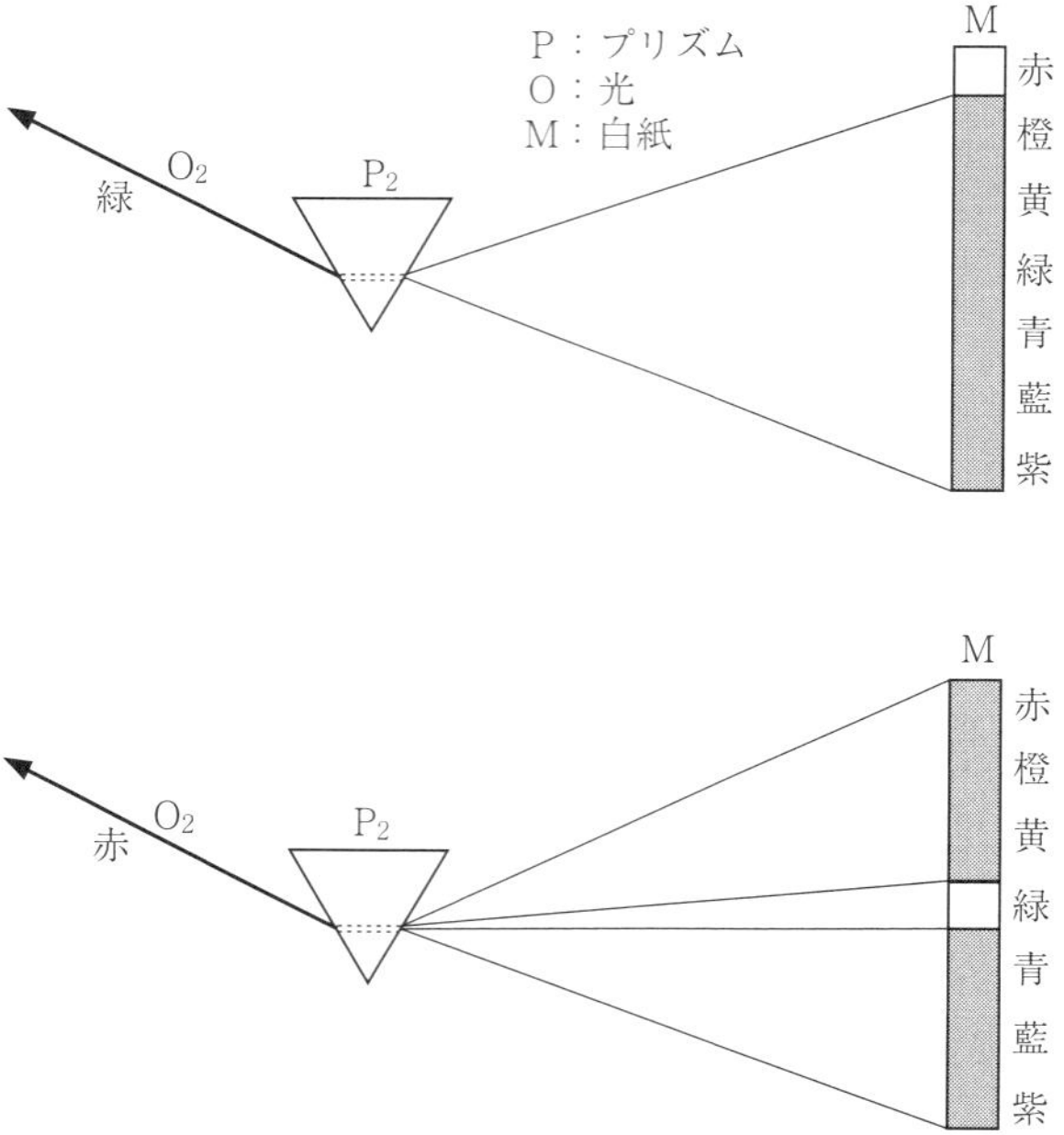

図1-2　補色の実験　白色光からある色を除くと、その補色が色彩として現れる。

次に二色だけをプリズムに通してみます。すなわち、赤と緑だけを通して、他の五色は消すのです。その結果、出てきた光O_2は黄色になっていました。黄色の光はO_1を分割して得たスペクトル光に含まれており、Mで白紙を黄色くしています。

このMで現れた黄色のスペクトル光と、O_2で現れた黄色の光は、見た目はまったく一緒です。しかし、両者はまったく異なるものです。なぜなら、スペクトル光の黄色はすでにプリズムP_1で分けられた

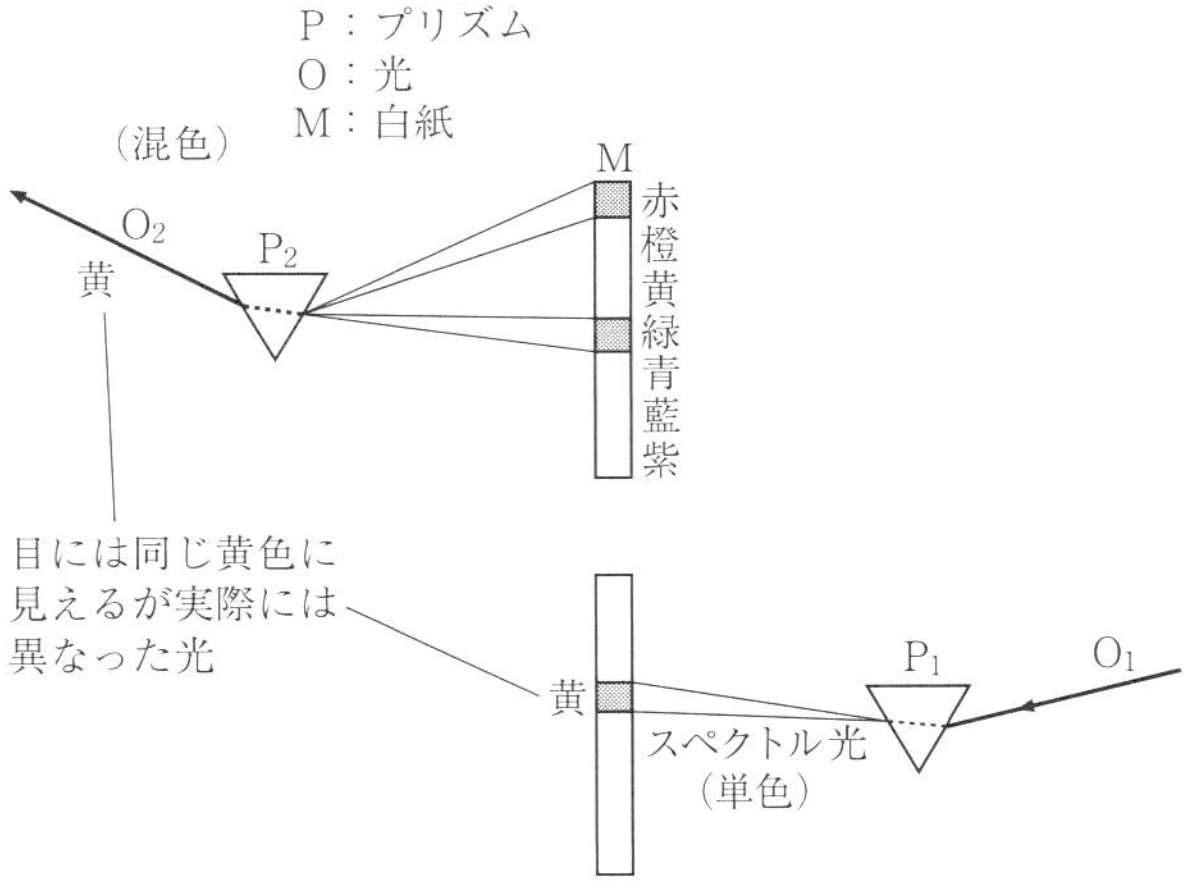

図1-3　混色の実験　眼には同じ色に見えても、単色と混色の違いがある。

光ですから、これを改めてプリズムに通しても他の色に分割されることはありません（図１－３）。黄色のままです。

しかしO_2の黄色は違います。これをプリズムに通したら、赤と緑に分かれます。すなわち、O_2の黄色は混色の黄色なのです。それに対してMの黄色は単色の黄色なのです。すなわち、私たちの目にはまったく同じ黄色に見える光には、スペクトル光のような単色の黄と、緑と赤の混じった混色の黄があるのです。

このような実験を重ねた結果、赤、緑、青の三色の光を混ぜると白色光になることが分かりました。このことから、赤、緑、青を光の三原色といいます。

それに対して色彩の三原色というものもあります。それは絵の具を混合する場合に現れます。すなわち、赤、青、黄の絵の具を混ぜると黒くなるのです。この三色を色彩の三原色といいます。光の三原色と色彩の三原色が異なることの中に、光と色彩の根本的な問題が隠されているのですが、それが徐々に明らかになっていきます。

光の三原色は混ぜると白色光になり、明るくなって明度が上がります。そのため光の混色を加算混合といいます。それに対して色彩の三原色は混ぜると黒くなり、明度が下がります。そのため、減算混合といいます。

色円の考案

光の混色を研究するため、ニュートンは色円というものを考案しました。これは図に示したように円盤を半径で分割し、それぞれに虹の七色を塗ったものです（図1－4）。

ニュートンはこの円盤を利用して光の混色の結果現れる色を予想することができると考えました。黄色の光と青色の光を等量ずつ混ぜたとしましょう。この場合には、それぞれの領域の円周上の点RとTを結んだ線分の中点が混色光の色を表すと考えるのです。すると線分RTの中点はWとなり、緑の領域にあります。したがって、この混色光は基本的に緑と考えられます。

しかし、Wは緑を表す点Sとは一致しません。Sより中心側にあります。ということは中心を挟んで反対側のもろもろの色の影響が出ているものと考えられます。したがって、点Wの色は緑ではあるが、点Sが表すような純粋な緑ではなく、鮮やかさ（彩度）の劣った緑であろうと考えるのです。

この色円を用いると、同じような発想でいろいろな帰結を予想することができます。たとえば隣り合った二色の光、RとSを混ぜればその中間の色彩を持った光（色彩光）になりますが、点Vは円周から離れるため、その彩度は落ちてしまい、さらに、中心を挟んで反対側の色の光を混ぜると白色光に近いものになるだろうと考えられます。

また、円周上の適当な色から中心を通って反対側の円周に直線を引いてみましょう。すると、この直線上の色彩光は、色彩は同じですが中心に近づくにつれて彩度が下がります。しかし、中心を通過すると今度は彩度が上がってゆくことになります。

たぶんニュートンは虹の七色を機械的に並べただけなのでしょうが、色円には色彩

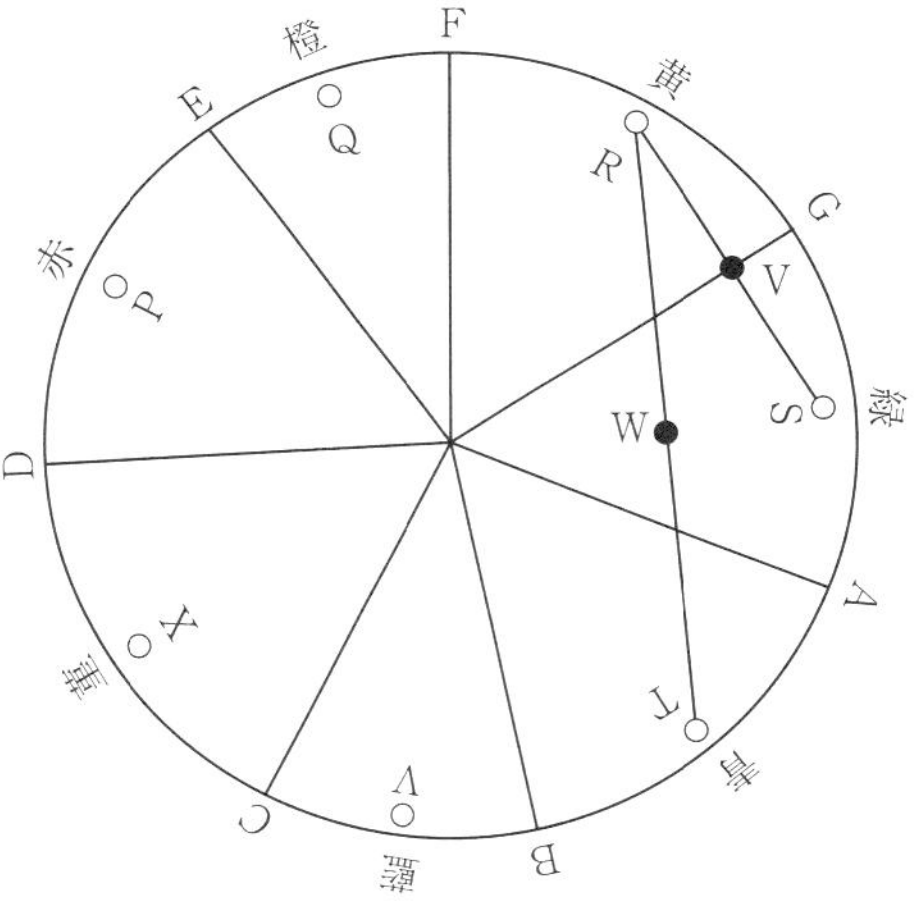

図1-4　**ニュートンの色円**　色彩の相互関係（菫《すみれ》は現在の紫に相当）。

の類似性の関係も現れるのです。たとえば、虹の七色の並び方では、赤の反対にあるのは紫ですが、色円では赤の反対にあるのは青であり、虹でももっとも遠い側（赤の反対側）にある紫は赤の隣にあります。人間の色彩感覚でも赤の反対は補色の緑や青であり、紫はむしろ赤に近いものと感じるのです。このように、色円は偶然かもしれませんが、人間の色彩感覚に沿ったものとなっているのです。

実は、これには科学的なカラクリがあり、分かってしまえばナルホドと納得することではありますが、ニュートンの昔にそのようなことの分かろうはずもありません。このことは、あとでまた説明することにしましょう。

1－2　色彩はなぜ見える

ニュートンの実験によって、白色光は虹の七色に相当する各種の色彩光の混合物であることが分かりました。つまり、光と色彩の物理的な面は見えてきました。しかし当時、光や色彩をどのように認識しているのか、すなわち、色彩はなぜ見えるのか、という生物学的あるいは心理学的な疑問については、まだ手付かずのままでした。

光線には色はない

ニュートンがすぐれていたのは、彼の行った一連の実験から得られそうな結論、「赤い光には赤い色彩がある」に飛びつかなかったことです。彼は赤い光を「赤い光」とは呼ばず、「赤を作る光」と呼びました。これは光と感覚の本質を突いた言葉といわざるを得ないでしょう。すぐれた科学者は常に本質を見抜いている、ということを改めて認識させるよい例です。

色彩や光はそれだけを取り出して、これが赤色です、これが光です、といって提示できるものではありません。色彩や光は私たちの目に映るものでしかありません。目が見えない人には色彩は存在しないのです。色覚異常の人は、そうでない人に赤く見える光を、違った色彩で見ているのかもしれません。

そればかりでなく、〝私が赤と思っている色彩〟と〝あなたが赤と思っている色彩〟は違っているのかもしれません。信号は左から緑（青）、黄、赤の順序で並んでいます。左端の明かり（緑）が点灯すると、人々は「青になった」といって進み始めます。このとき、各自が見ている色彩はすべて同じ色彩なのでしょうか？

もし、視細胞に異常があって、色彩を認識できない人がいたとしたら、その人には信号は白黒写真のように見えるでしょう。それでも、どの明かりが点灯したかは分かります。その人は、左

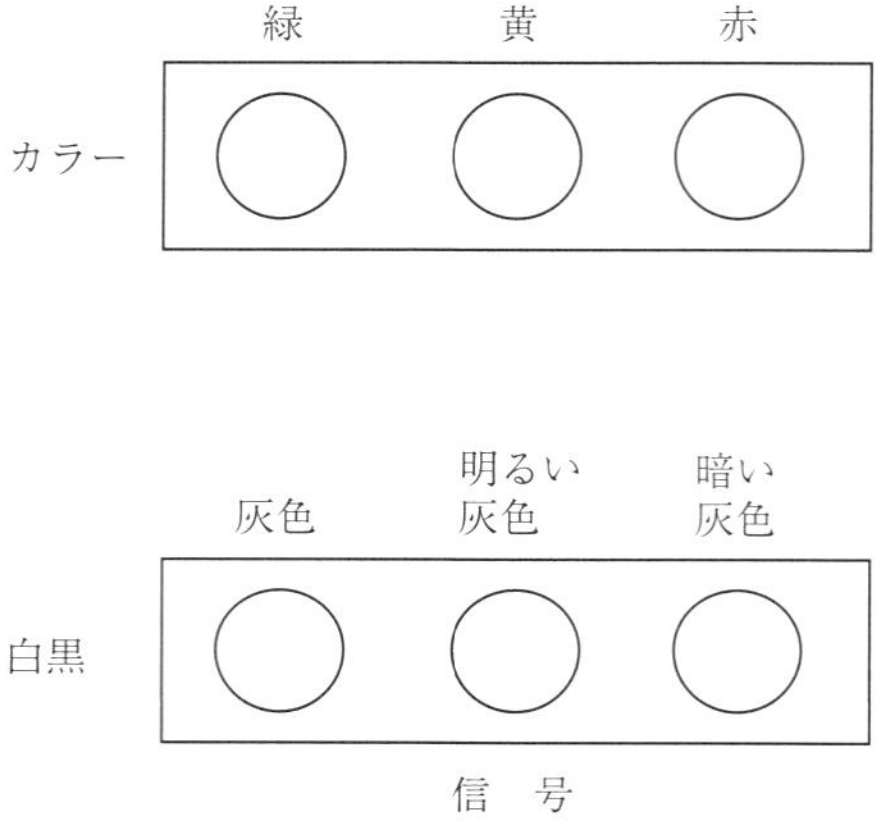

図1-5　色彩の有無　色彩は感じなくても、明暗で識別できるものがある。

端が明るくなったら進み始めるでしょう。すなわち信号は〝役に立っている〟のです。そして、多くの人にとって「緑に見える」明かりは、色彩を認識できない人にとっては「明るく見える」だけなのです（図1－5）。このことは、ある人にとって〝緑に見える光〟がある人にとっては〝灰色に見え〟、しかも、その色彩の違いを検証するのは困難であることを示唆するものです。

同じようなことが、私たちにも起こっているのではないでしょうか？

ニュートンが使った「赤を作る光」という用語には、このような思考の裏づけがあるものと思われます。ニュートンが考えたのは、「光そのものには色彩がない」ということです。ただ、赤に見える光は、私たちの感覚器官（目）に作用して、そこに「赤という色彩感覚」を引き起こしたのだ、と考えたのです。

この考察は現在の私たちが「持っている知識」と同じものです。光そのものには色彩はないのです。ただ、私たちの感覚器官に作用して特異的な信号を発信させるだけなのです。そして、その信号を受け取った脳がその信号を「赤を示す信号」と認識するのです。ですから、赤という色彩は「光にある」のではなく私たちの「感覚器官や脳の側にある」のです。

あなたが赤と思っている色彩は、愛する彼女、あるいは怖い奥様にとっては緑に見えているかもしれません。これはかなり哲学的な問題といえなくもありません。

では、色彩のない光が脳に色彩を感じさせるのはどのような原理としくみによるのでしょうか？

ヤングの共振説

先に考えた問題はある意味で科学を離れた問題ということができるでしょう。科学は、少なくとも人間なら共通に持つであろう知覚、感覚に基づく実験事実を基盤として、そこから抽出した普遍的原理を総合したものです。したがって、各人が各様に独自のものを持ち、しかもそれを共通の尺度で比較することができないようなものは、科学の範疇《はんちゅう》を超えているといってもいいのではないでしょうか？

科学が扱うことのできる事象は、その事象に対して多くの人の感覚器官が同じように作動する対象に限られます。しかしこのことは、光や色彩は科学的な問題になりえないということを意味するものではありません。光や色彩には科学で解明できる問題と、科学では解明が難しい問題の両方があるということを言っているのです。

現代科学は光と色彩の問題に関して、科学で解決できる分野を選んで懸命に解決の糸口を探し、地道な努力を重ねてきました。その結果、現代科学は光と色彩の問題をかなり解き明かすことに成功しています。そのような成功の端緒を開いた概念に、ヤングの共振説というものがあります。

トーマス・ヤング（一七七三−一八二九）は英国の医師でしたが、幅広い分野で活躍し、ロゼッタ・ストーンに刻まれたエジプト聖刻文字の解読でも知られた人物です。

ヤングの考えは現代の科学知識とほぼ重なるもので、その意味で、まだ科学的な知識の蓄積の少なかった時代によくぞここまで卓見できたものである、と思わせるものがあります。

この説は、ニュートンの「光は色彩を作るもの」であるとの考えを推し進めたものです。そしてその結果、色彩を「作る光」と、色彩を「知覚する脳」との間に、光によって「変化する何か」を考えたのです。これは現代風に言えば、光という刺激と、それを知覚する脳との間にセンサーという感覚器官があることを予言したものです。

この理論はセンサーに三種類あることを仮定しています。そして、各センサーは個別の光の振動に共振すると考えたのです。すなわち赤に共振するセンサー（SR）、緑に共振するセンサー

（ＳＧ）、青に共振するセンサー（ＳＢ）の三種です。各色の光はいろいろな〝振動〟を持っていますが、その〝いろいろな振動の割合〟によって三種類のセンサーへの共振のさせ方が異なると考えたのです（図１－６）。

たとえば、ＳＲのみを共振させる光は、センサーに赤の信号を発信させます。そして脳はこの信号を受け取って、いまの光が〝ＳＲを共振させたもの〟であることを認識し、その光を〝赤である〟と認識するのです。すなわち、〝脳は光の色彩〟を認識しているのではないのです。光によって共振させられた〝センサーの種類〟を認識しているだけなのです。

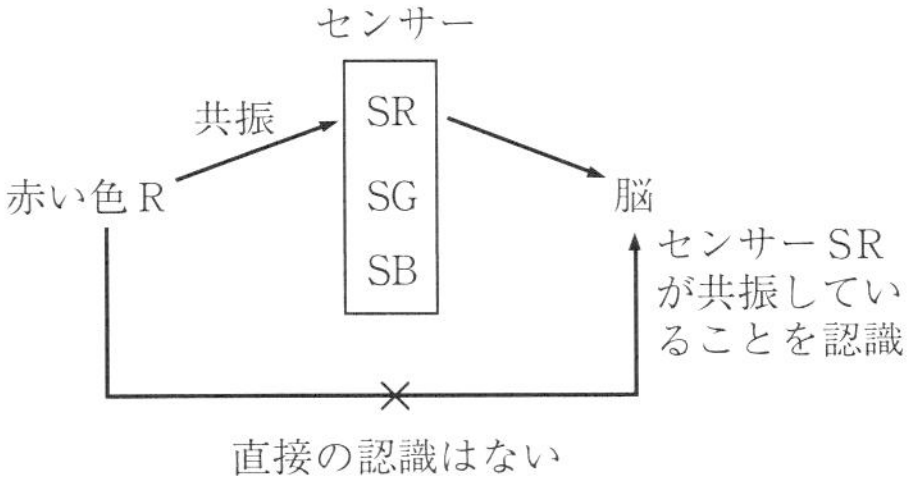

図1-6　**脳の色彩識別**　脳は色彩を感じているのではなく、センサーの情報を感じている。

混色の考え

ヤングの唱えた光の共振説を推進したのが、ドイツの物理・生理学者ヘルマン・ヘルムホルツ（一八二一－一八九四）です。彼は混色の解析にすぐれた概念を導入し、神経興奮の伝達速度を実測したことで有名です。

ヘルムホルツは、光は単一のセンサーだけを共振させるとは

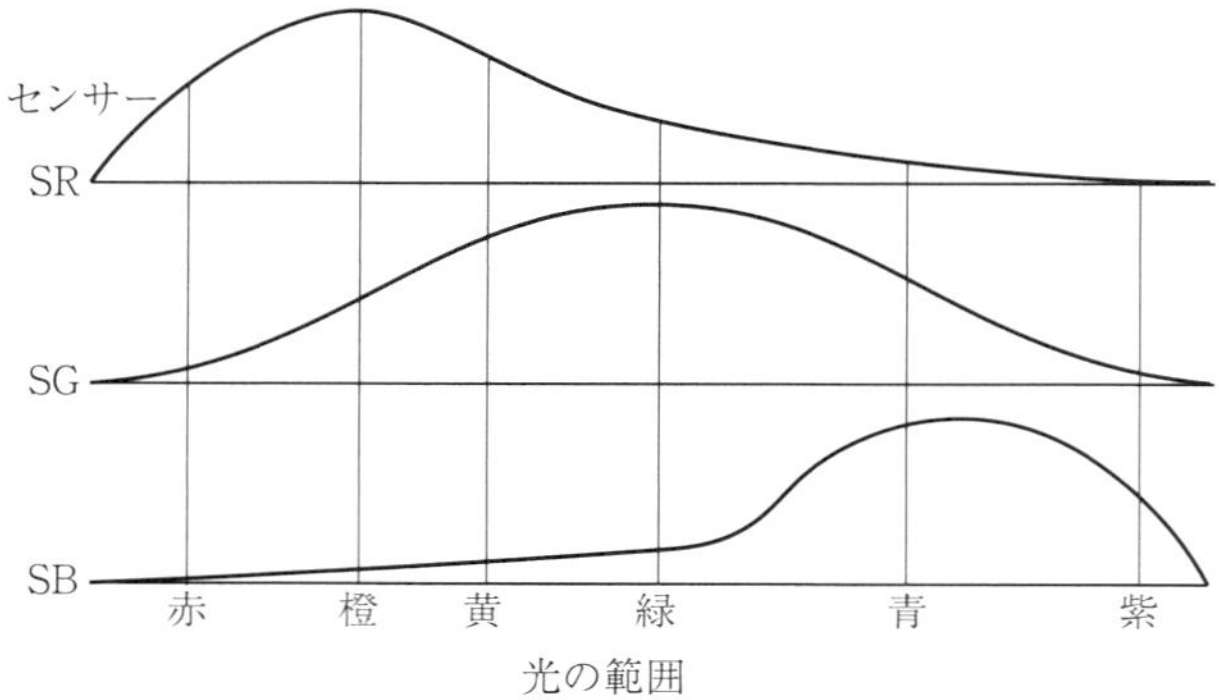

図1-7　センサーの識別波長　三種類のセンサーにはオーバーラップする部分がある。(『色彩心理学入門』中央公論社より。一部改変)

限らず、同時に何種類もの光と共振できると考えました。そして、各センサーSR、SG、SBが共振する光の範囲を設定したのです。その設定範囲を図に示しました（図1－7）。

　これによると赤に共振するセンサーSRは橙（O）にもっとも強く共振しますが、赤（R）から緑（G）にかけての光にも幅広く共振します。他のセンサーSG、SBに関しても同様です。SGは緑に、SBは青（B～V）にもっとも強く共振します。ですから、この三種のセンサーが揃っている目に、緑の光線が照射されると、もっとも強く共振するのはSGですが、SRとSBも弱く共振することになります。

　この結果、脳はこの三種のセンサーの発信する信号を受け取りますが、その信号の大小関係を察知して、信号の主な発信源はSGであり、したがって「光の色彩を緑と認識すればよい」と、判断するのです。

このように、ヤングとヘルムホルツの功績によって、光と色彩の生物学的な面が明らかになり、ニュートンの物理学的な解析とあいまって、光と色彩の科学を現代科学へと力強く推し進めることになったのです。

動物の色覚

光と色彩では感覚器官が大きな働きをすることが分かりました。としたら、人間と動物の感覚器官は違う可能性があるので、動物たちは光、色彩を私たちとは異なったものとして認識しているのかもしれません。サル、コイ、ミツバチを例にとって、動物の色彩感覚、色覚を検査した例を紹介しましょう。

（a）サルの混色知覚

サルは混色を知覚できるかどうかを検査した実験があります。人間は赤（R）と緑（G）の混色を黄（Y）と知覚します。サルも同じなのでしょうか？

いくつかの色のランプを並べて置き、黄のスペクトル光（単色）のランプが点灯したときに、そのランプにタッチしたら褒美をもらえるようにサルを訓練します。

実験はこの訓練を終えたサルを用いて行います。すなわち、左右二つのランプを用意し、一つは常にスペクトル光の黄、もう一つは赤と緑の適当な割合の混色にします。ただし、ランプは左右をアトランダムに変化させます。訓練を受けたサルはスペクトル光の黄のランプにタッチします。しかし、もし混色のランプが彼にとって黄に見えたときには、スペクトル光の黄と混色の黄の区別がつかず、間違えるはずです。

結果から、アカゲザルもニホンザルも緑：赤＝三五：六五程度の混色の黄と、スペクトル黄を同じに感じていることが分かります（図1－8）。下のグラフは人間に対して同じ実験をした結果です。誤反応率のピークはサルより若干R側に寄るようですが、サルと同じような傾向が見られます。

この結果は、少なくとも混色に関しては、サルと人間は同じような感覚を持っていることを示すものと思われます。ただし、この結果は人間に〝黄色〟に見える光を、サルも〝黄色〟と感じていることを保証するものではありません。両者はまったく別色として感じているのかもしれません。しかし、それを区別する手立てはありません。

（b）コイの色識別

浅瀬で仕切った水槽にコイを入れます。水槽が黄の光で照らされるとその五秒後に電気ショックが水槽を襲います。しかし、その時間内にコイが浅瀬を横断したら、赤外線センサーが働いて

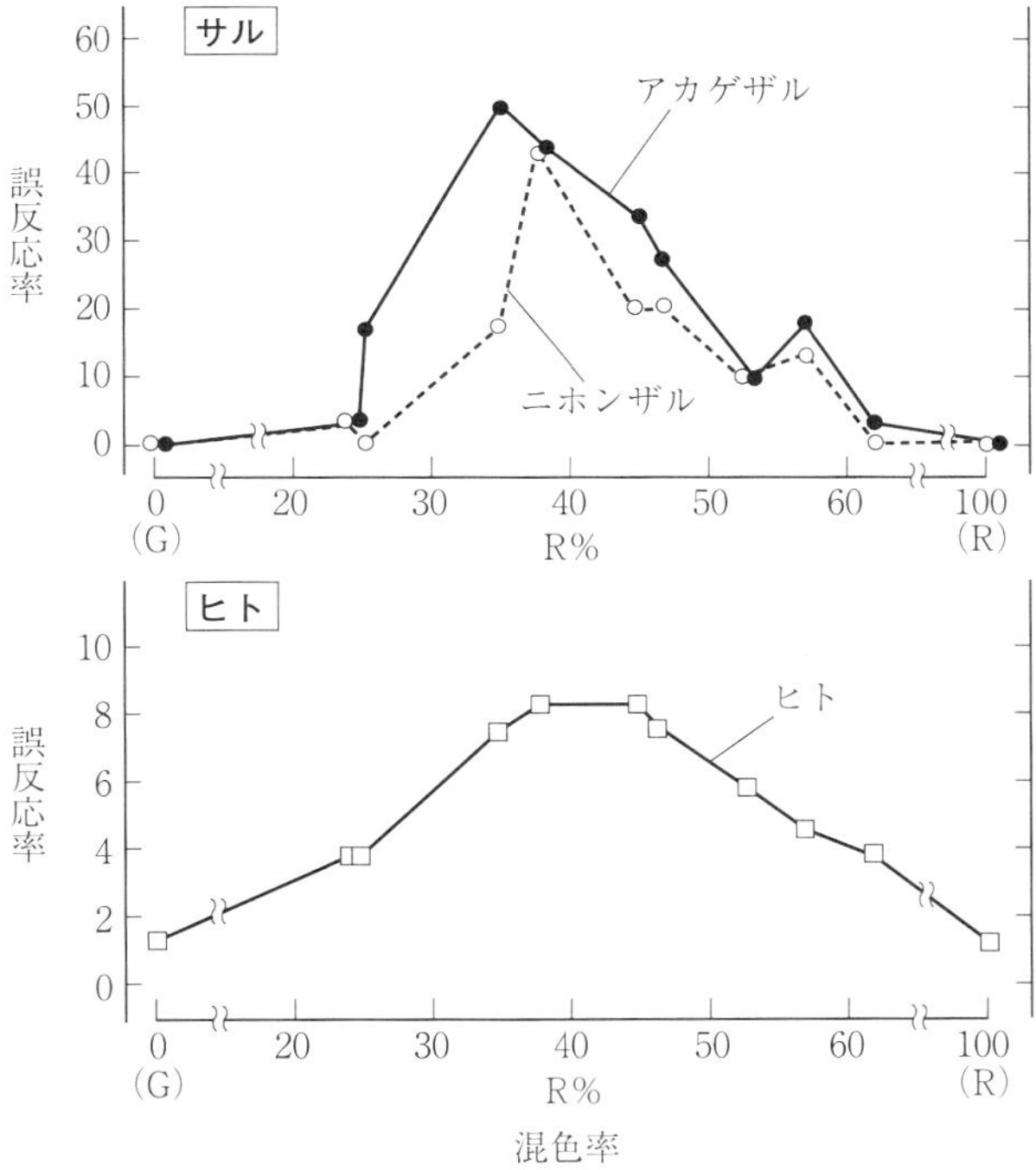

図1-8　サルの混色知覚　サルの識別率も人間とほぼ同様。
（『色彩心理学入門』中央公論社より。一部改変）

電気ショックは襲いません（図1－9）。

このような水槽で訓練されたコイは、黄が照射されると水槽を横切るようになります。十分に訓練されたコイに対して、黄、緑、赤の光を順不同で照射します。もちろんこの三種の光は色相が異なるだけで明るさ（明度）は完全に等しいように調光してあります。するとコイは黄の光のときだけ浅瀬を横断します。

この結果はコイが黄の

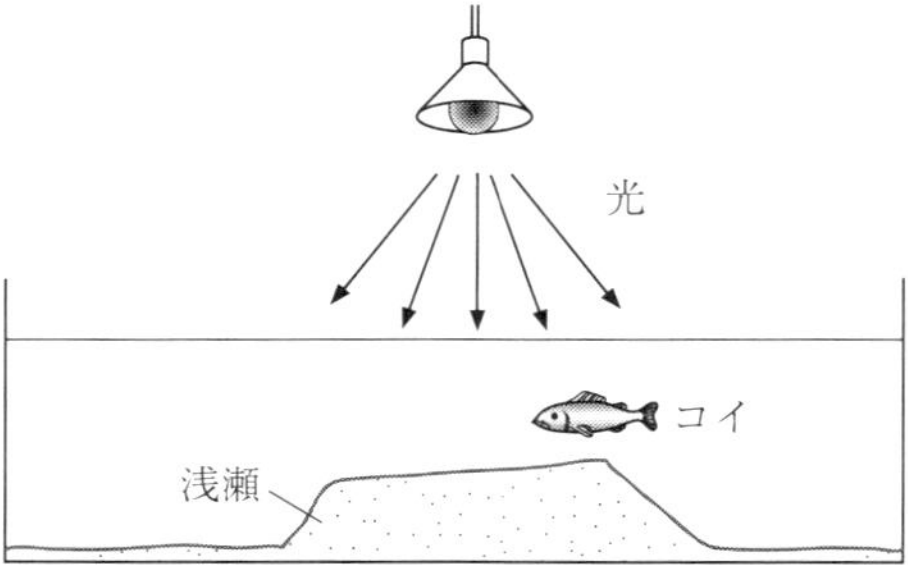

図1-9 コイの色識別実験 訓練すると、黄色光のときだけ浅瀬を横切るようになる→黄色を識別している。

光を緑とも赤とも異なるものとして認識していることを示します。サルの場合と同じように、コイが人間と同じようにそれぞれの光を黄、緑、赤と認識しているかどうかはコイに聞かなければ分かりませんが、少なくとも、〃違うもの〃として認識していることは確かです。

(c) ミツバチの紫外線感知

白から黒までのいろいろな明度の紙と青い紙を並べます。各紙の上にシャーレを置き、水を入れますが、青い紙のものだけ砂糖水にしておきます。ミツバチは飛んできて青い紙のシャーレから砂糖水を吸います。この操作を繰り返してミツバチに青い紙のシャーレにだけ砂糖水が入っていることを覚えこませます。

次に、シャーレなしの、紙だけを並べておきます。するとミツバチは青い紙にだけ群がります。このことは、ミツバチは青い紙を明度で識別したのではなく、色相で区別したことを意味します。同じ実験を赤い紙と、灰色の紙を用いて行うと、ミツバチは赤にも灰色にも集まってきま

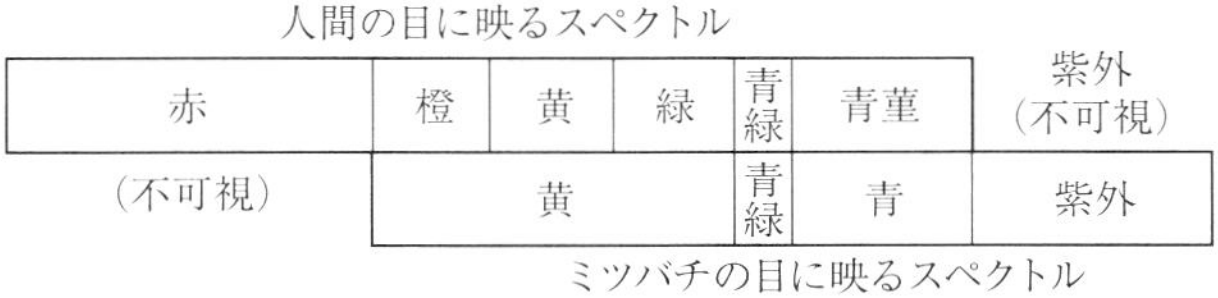

図1-10　人間とミツバチのスペクトル　ミツバチは紫外線を感じることができる。

す。すなわち、ミツバチは赤と灰色の区別はつかないのです（図1－10）。

このような実験をいろいろな色彩の光を用いて行ったところ、ミツバチは紫外線を感知していることが分かりました。紫外線は、人間には感知できない光ですので、ミツバチは人間の見えない光を見ていることになります。同じような感覚はモンシロチョウにもあるようです。すなわちモンシロチョウのメスの羽には紫外線を反射する部分がありますが、オスはきっとその目印を見つけて求愛行動をとっているのでしょう。

1－3　色彩をどう表現するか

色彩は光によってもたらされますが、光自体は色彩を持っているのではなく、感覚器官に刺激を与えるに過ぎないことが明らかになりました。したがって、同じ光をどのような色彩として感じているかは人によって異なっている可能性があり、その異同を厳密に検証する手段はないといえるでしょう。しかし、人間に限れば、各人の感覚器官（目あるいは視細胞）は同じものであり、同じ光の刺激によって発信する信号の種類と量は（ほぼ）同じと考えてよいでしょう。

それならば、この信号の種類と量を標準化して表すことは可能と考えられます。このような考えに従って、色彩を数値化して標準化することによって、それをグラフや立体で表す試みが行われました。

色彩の客観表示

ほとんどすべての物質は色彩を持っています。工業製品も同様です。そして工業製品を設計生産する場合にはその色彩も設計生産の要素になります。注文主が生産者に依頼する場合に〝明るく地味な色彩〟と指定しても、生産者にその〝微妙なニュアンス〟が明確に通じるかどうか定かではありません。〝ワインレッド〟といってもいろいろなワインがありますし、〝バーガンディーレッド〟とワインの産地まで指定しても、年代、ぶどう園によって色彩は微妙に異なります。

このようなことのないようにするには、注文主と生産者が同じ尺度を共有する必要があります。このような要求から、色彩を客観的に表そうとの試みが工業の発展とともに盛んになりました。

色彩はいろいろな表情を持っています。同じ赤でも明るい赤と暗い赤があります。鮮やかな赤もあればくすんだ赤もあります。

色彩の明るさは明度と呼ばれ、光の反射率に関係します。反射率の高い色彩は明るい色彩であり、反射率の低い色彩は暗い色彩です。明度がもっともよく分かるのは白から灰色を経て黒にいたる一連の色彩（特に無彩色といいます）です。もっとも明度の高いのは白であり、もっとも明度の低いのが黒になります。

色彩が鮮やかかどうかは、彩度という言葉で表現されます。彩度は色彩の中に混じる白や灰色の成分によって影響されます。これらの無彩色が混じると彩度は低くなり、まったく混じらない純色では彩度が最大になります。

色彩を表現するということは、色彩のこれらの要素、すなわち、赤か青かという色の色相、明るいか暗いかという明度、鮮やかかくすんでいるかという彩度、この三つを表現できなければなりません。

当然ですが、このような三つの尺度を完全に表すためには三本の軸が必要であり、立体表現にならざるを得ません。このように三軸で色を表したものを色立体といいます。色立体は便利で確実であり、原始的な方法ですが、これを紙面に表現しようとする場合、三次元を二次元に還元しなければならず、不便で不正確になります。そのため、色を二次元、あるいは数式で表現しようとの試みも行われ、それなりの成功を収めています。

色を立体で表す

色を色相、明度、彩度の三軸を使って表した色立体はいくつかのものが作られていますが、よく用いられているものにアメリカの美術教師マンセル（一八五八－一九一八）が考案した「マンセルの色立体」というものがあります。これはその後改良、精密化され、日本では日本工業規格JISに利用され、標準色票として、工業やデザイン関係で広く利用されています。

マンセルの色立体（以後色立体といいます）の基本はニュートンの色円と同様、マンセルの色相円と呼ばれています。ニュートンは色を虹の七色に従って七色に分けましたが、マンセルは赤（R）、黄（Y）、緑（G）、青（B）、紫（P）の五色の基本色に分けました。そして各基本色の間に、黄赤（YR）、赤紫（RP）のような中間色（混色）を設けて、総数一〇色にしました。さらに各色を両端の色に近いもの（1と10）から中央に近い（5、6）純色まで一〇色に細分化しました。したがって、色相の数は全部で一〇〇色になります。色相は5Rのように（色相番号）（色名）の組み合わせで示します（図1－11）。

色相円は色相を表すだけではありません。色相円の中心は色彩がありません。すなわち灰色なのです。つまり、各色相を表す扇形は外側に行くほど鮮やかな色彩となり、中心に近づくと色彩がなくなります。これは彩度を表すことになります。外側に行くほど彩度が高くなるのです。マンセルは彩度をも一〇等分しました。マンセルの色立体の特徴は、どの色相でも、中心からの距離が等しければ彩度は等しいことです。

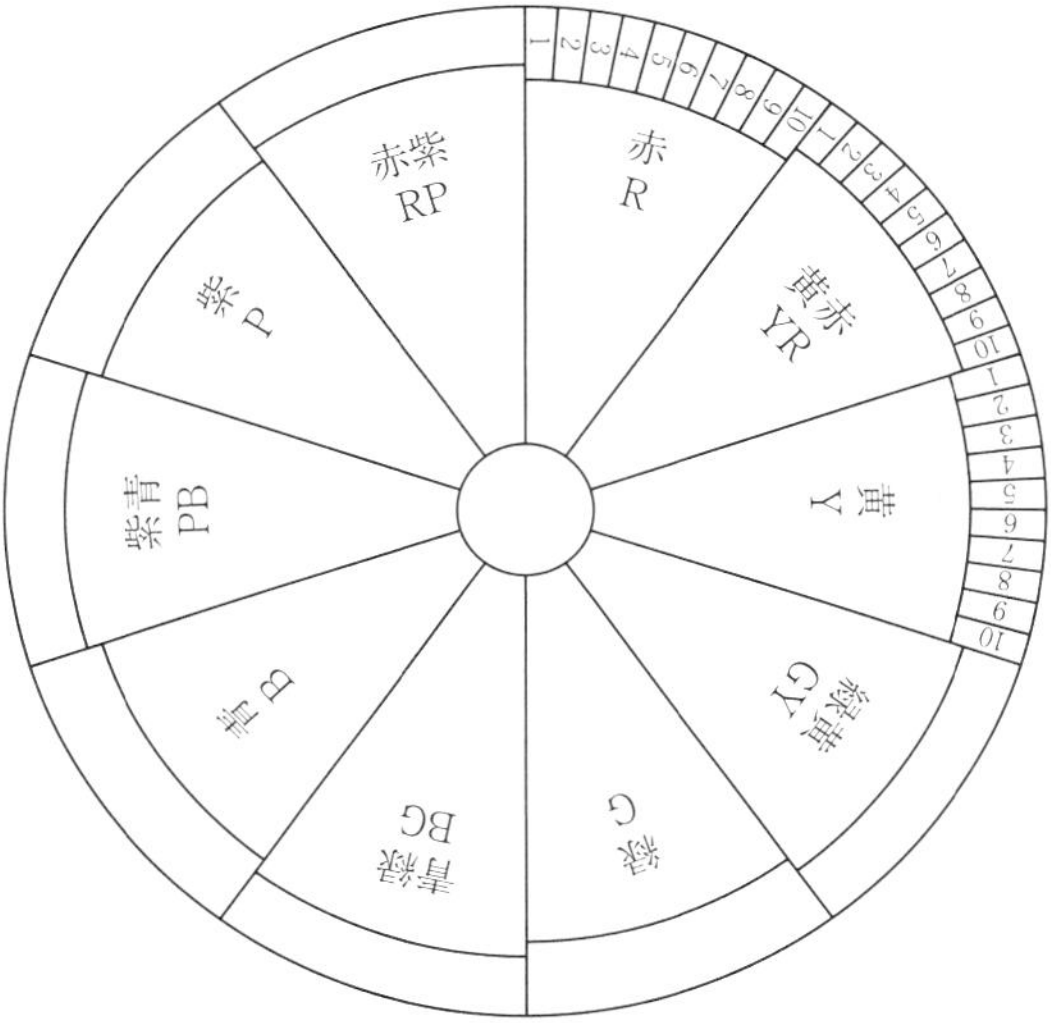

図1-11　マンセルの色相円　マンセルの色立体の基本図。

このようにすると、もともと彩度の高い黄のうちで〝もっとも彩度の高い黄〟は彩度10となり、中心から遠く離れます。一方、青や紫のように彩度の低い色のうちで〝もっとも彩度の高い色〟の彩度は10に達せず、中心からそれほど離れません。このように、色相円は〝円〟といいながら、実は凸凹の〝虫食い円〟になることになります。また、彩度はその後増加し、最大14になりました。

マンセルはこのような色相円を、明度をやはり一〇段階に分けて、一〇枚作りました。もっとも明るいのは真っ白で、もっとも暗いのは真っ黒です。この二枚

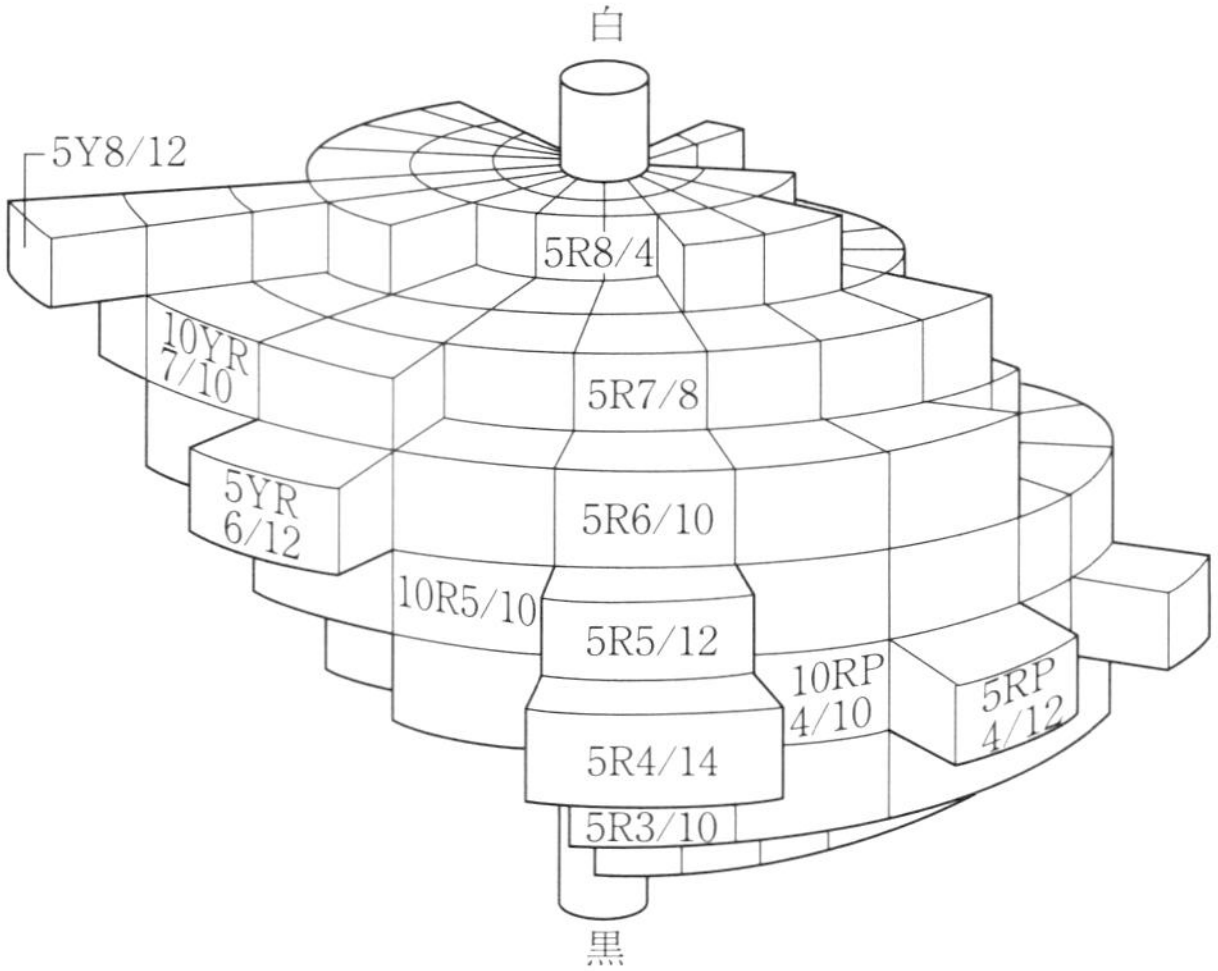

図1-12　マンセルの色立体　色相、明度、彩度を同時に表すことができる。

は色がありませんから色相円とはいえないかもしれませんが。このようにして一〇枚（八枚）の色相円を最下の黒から最上の白まで、明度によって重ねたものが色立体なのです（図1－12）。中学や高校の美術の授業で見たことがあるのではないでしょうか。

そしてこの色立体の各色に染めた短冊を本に綴じ、各色に番号をつけたものがJISの色票帳になります。番号は5R4/14のように、（色相番号）（色名）（明度）／（彩度）の組み合わせで表します。色票帳は工業デザイナーの必需品です。

色を数字で表す

ほとんどすべての色彩が赤、緑、青の三

原色の混合によって表されることを発見したのはヤングですが、このことを実験的に精査したのはグラスマン（一八〇九～一八七七）でした。彼は後にグラスマンの法則と呼ばれるものを発見しました。

（a）グラスマンの式

彼によれば、ほとんどすべての色彩は、赤（R）、緑（G）、青（B）の適当な割合の混合によって作り出されることになります。彼はR、G、Bを基本刺激と呼び、この関係を等色式（式1－1）で表しました。

$$RR+GG+BB\equiv C \qquad \text{（式1－1）}$$

この式でCは任意の色彩を表し、係数R、G、Bは、基本刺激R、G、Bの割合を表します。すなわち、R、G、BをそれぞれR、G、Bの割合で混ぜればCと〝同じ色彩〟になることを意味します。ここで〝同じ色彩〟という意味は、人間にとって同じ色彩として認識される光、という意味であり、光の組成として同じものであるとは限らない、ということは先にニュートンの実験で見たとおりです。

等色式は普通の数学の式と同じように、変換することができます。右辺の項を左辺に移項するときにはマイナスをつけます。すなわち、等色式にはマイナスの項もあるのです。どのようなときにマイナスになるのでしょう。

実は、本項のはじめに〝ほとんどすべての色彩は混色で作られる〟といいました。ほとんどすべて、というのは〝すべてでない〟ことを意味します。その例外の一つが青緑です。白色光を分光して得られるスペクトル色の青緑（C）は、原色の青（B）と緑（G）を足して作った混色の青緑より常に鮮やかなのです。原色の足し算ではこのCを作ることはできません。両者を等しくするためにはスペクトル色のCに原色の赤（R）を混ぜて彩度を落としてやる必要があります。原色の赤（R）を混ぜたのが式1－2です。次にこの式の左辺のRRを右辺に移項して現れるマイナスの項が、彩度を落としたことを表しているのです（式1－3）。

$$C + RR \equiv GG + BB \quad （式1－2）$$

$$C \equiv -RR + GG + BB \quad （式1－3）$$

（b）CIEのRGB表色系

このような操作によって、可視光すべての色彩を表すために、係数R、G、Bをどのような値にしたらいいのかを実験によって決定したのがギルドとライトでした。そして一九三一年に、二人の実験結果を基にして国際照明委員会ＣＩＥ（Commission Internationale de l'Eclairage）が表色系を発表しました。これがＣＩＥのＲＧＢ表色系と呼ばれるもので、現代用いられる表色システムの一つなのです（図1－13）。

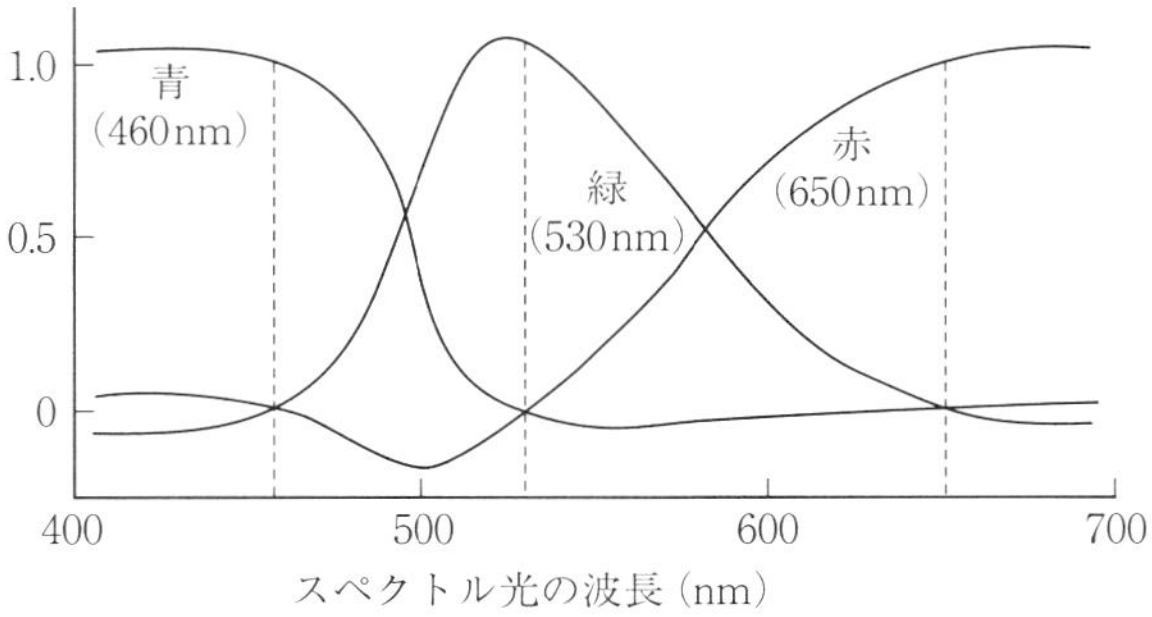

図1-13　ライトの混色データ　青、緑、赤の和は1になる。

ここでは係数R、G、Bを相対化するため、$R+G+B=1$になるように操作し、式1－4で換算したr、g、bを用いて表すのが一般的です。

$$r=\frac{R}{R+G+B}$$
$$g=\frac{G}{R+G+B}\qquad（式1－4）$$
$$b=\frac{B}{R+G+B}$$

色をグラフで表す

ＣＩＥはＲＧＢ表色系のほかにＸＹＺ表色系と呼ばれるものを考案しました。これが現在広く用いられている〝ＣＩＥのＸＹＺ表色系〞と呼ばれるものであり、〝ヨットの帆〞のような形のグラフです。

（ａ）ＣＩＥのＸＹＺ表色系

ＲＧＢ表色系は係数R、G、Bと色彩の間に直接の関係があり、直感的に分かりやすいのに対し、ＸＹＺ表色系にはこのような色彩との直接対応はありません。そのため、感覚的には分かりにくい表色系ですが、数学的には厳密なため、現在もっとも広く用いられている表色系です。それればかりでなく、色彩関係の研究が今日のように発達することができたのは、色彩を厳密に識別表現することができるＸＹＺ表色系のおかげであるとさえ、いわれています。

この表色系は、色彩の基本刺激であるＲ、Ｇ、Ｂにこだわると理解できません。ＸＹＺ表色系では、基本刺激としてＸ、Ｙ、Ｚという〝架空の色彩〞を用いているのです。すなわち、Ｙは〝明るさだけ〞を持つ架空の色彩であり、ＸとＺは〝明るさのない〞架空の色彩なのです。

このＸ、Ｙ、Ｚの〝三架空原色〞を適当な割合で混色して色彩を表そうとすると、それぞれを混ぜる割合X、Y、Zが必要となりますが、それはＲＧＢ表色系の係数R、G、Bを用いて、式１－５で表されることが分かりました。この係数X、Y、ZをＸＹＺ表色系における〝三刺激値〟といいます。

$$X = 2.7689R + 1.7517G + 1.1302B$$
$$Y = 1.0000R + 4.5907G + 0.0601B \quad \text{（式１－５）}$$
$$Z = \qquad 0.0565G + 5.5943B$$

ここで基本刺激Ｙの係数である刺激値Yは、その色の輝度を表すことになります。輝度は単位面積当たりで反射する光の強度を表すものであり、明度と相関関係はありますが、比例関係はありません。

このようにして基本刺激Ｘ、Ｙ、Ｚと刺激値X、Y、Zを用いると式１－６によって、実際の色彩Ｃを X、Ｙ、Ｚで表すことができます。その関係を表したのが図１－14のグラフです。

$$\mathrm{C} \equiv X\mathrm{X} + Y\mathrm{Y} + Z\mathrm{Z} \quad \text{（式１－６）}$$

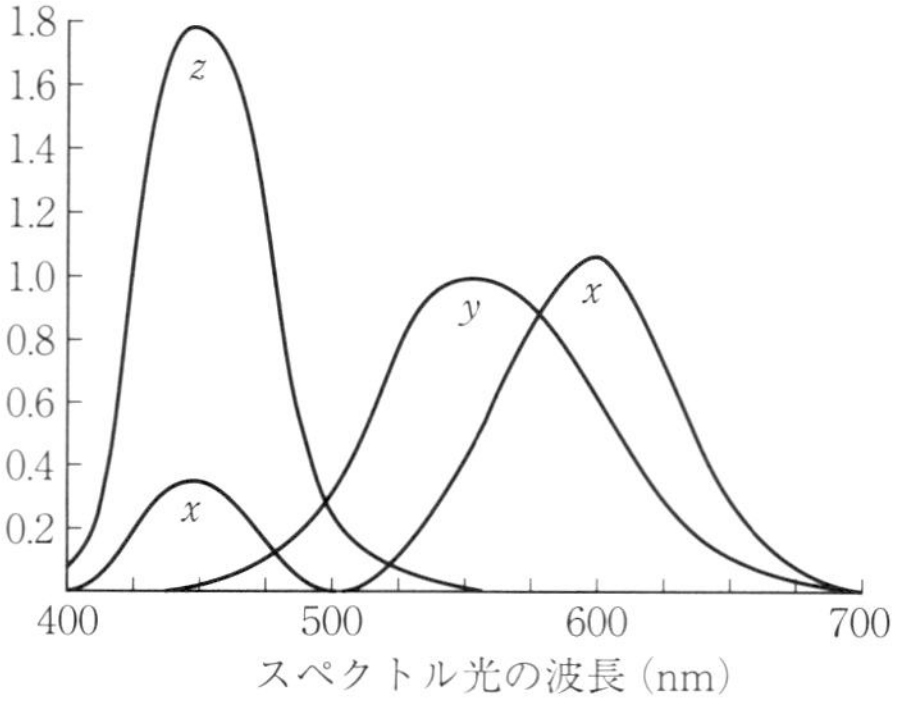

図1-14　CIEのXYZ表色系におけるスペクトル三刺激値　R（赤）G（緑）B（青）をX、Y、Zの架空色で表すときの係数。

（b）色度図

ここで刺激値（係数）X、Y、Zに対して式1－4で用いたのと同じ相対化を行うと式1－7のようになります。そして、式1－7を式1－6に代入すると式1－8が得られます。この式の変数x、y、zには、$x+y+z=1$の関係があるので、xとyが分かればzは自動的に分かることになります。

$$x=\frac{X}{X+Y+Z}$$

$$y=\frac{Y}{X+Y+Z} \qquad \text{（式1－7）}$$

$$z=\frac{Z}{X+Y+Z}$$

$$C\equiv xX+yY+zZ \qquad \text{（式1－8）}$$

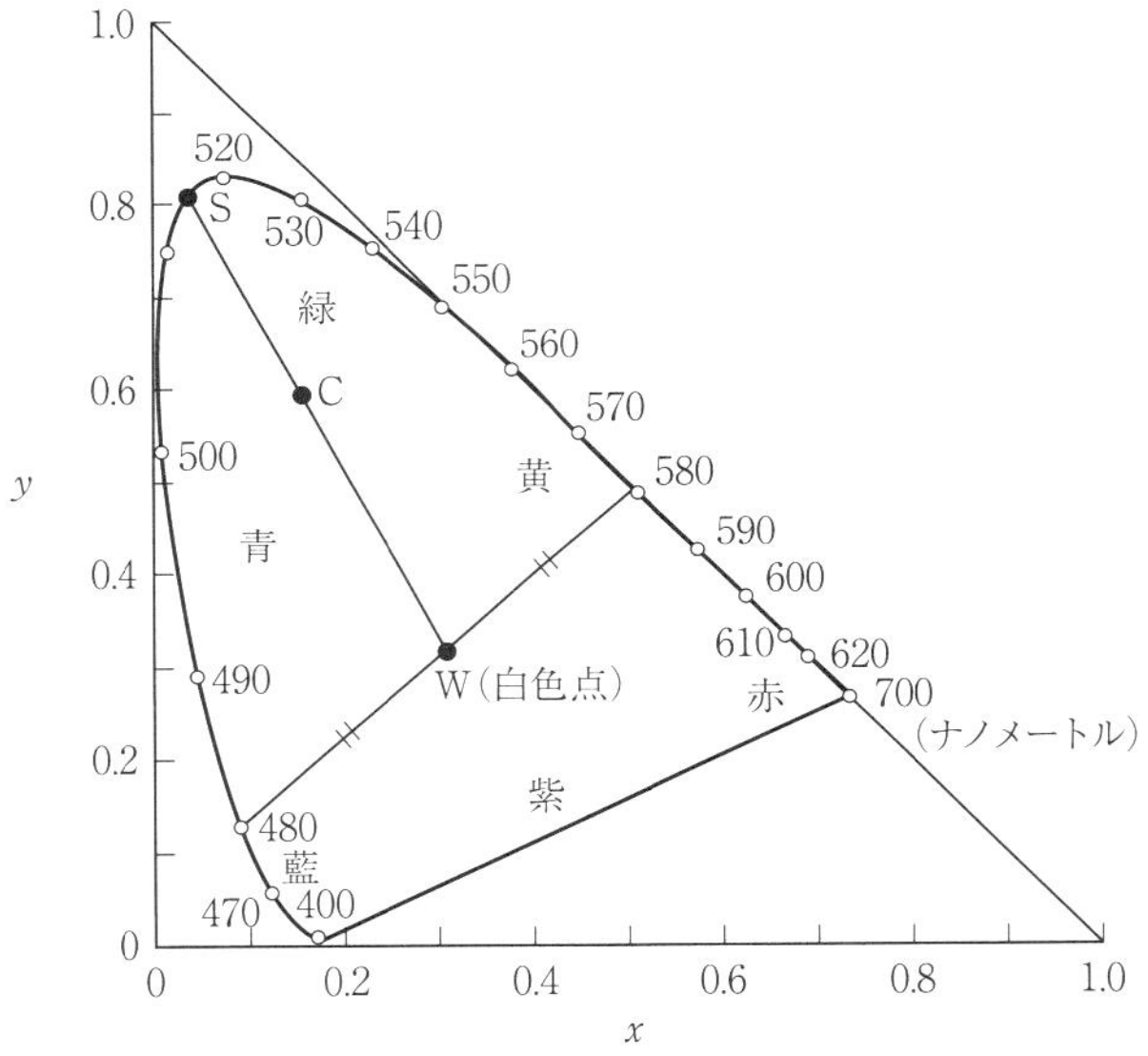

図1-15　CIE色度図とスペクトル軌跡　実際の色とx、y値の関係。

このようにして、実際の色（波長）に対してxとyを表した図が〝ヨットの帆〟の色度図になるのです（図1－15）。

純色であり、混色でないスペクトル光が、この座標系のどの位置に該当するかを書き込んだところ、たまたまヨットの〝帆の輪郭〟が浮かび上がったのです。斜めの線上に書き込まれた数値はスペクトル光の波長です。帆の下端を結ぶ直線は紫を表します。すべての実在の色彩はこの帆の中に入ります。帆のどの部分がどの色に相当するかを図に書き込みました。

図でWと書いた点、すなわち$x=y$

＝0.333は白色光の位置を示しており、白色点と呼ばれます。任意の色彩Cが色度図のC点にあったとしましょう。このCとWを結ぶ直線と帆の輪郭との交点Sの波長（図では約五一五ナノメートル、一ナノメートル＝10^{-9}メートル）を色彩Cの主波長と呼びます。そして直線の長さの比、WC／WSを刺激純度と呼び、数値が大きいほど純度が高いことになります。主波長は色相を、刺激純度は鮮やかさを表すものと考えることができます。したがって、主波長と刺激純度で任意の色彩を特定することもできます。

参考のため、色度図の要点をまとめておきましょう。

1. ヨットの帆の輪郭上の色は純色であり、それ以外は混色である。
2. 二点の色の混色は二点を結ぶ直線上にある。
3. 白色点Wを通る直線上で、白色点から反対側に等距離にある色は互いに補色である（たとえば五八〇ナノメートルの点とWを結んだ線を等距離だけ延長すると四八〇ナノメートルの点にいたる。したがって両者の表す色彩、すなわち黄と藍は補色になる）。

第2章　色彩の生理学

色彩は物質ではありません。光という物理的な現象と、生物の感覚器官というセンサーと、センサーの発信する情報を受け取り、統合し、理解する脳の三者が醸し出す総合的な現象です。

光、色彩を理解するためには、物理現象としての光を理解しなければなりません。しかし、それだけでは不十分です。光はなぜ明るいのでしょう？　健常者は光を明るいと感じますが、目の不自由な方は明るさを感じません。色彩も同様です。すなわち、同じ光でもそれを見る人の状態によって、異なったものとして認識されるのです。これは、光の持つ属性のうち、少なくとも明るさや色彩は、光の物理的な側面の研究だけでは決して明らかにはできないことを意味するものです。

光、色彩の本質を理解するには、光と生物の感覚器官の相互作用を明らかにしなければなりません。ここでは光、色彩と生物の生理機能との相互作用について見ていくことにしましょう。

2－1　目の構造

私たちと光の最初の接点になるところは目です。私たちは目で光を取り入れ、目で光や色彩を感じます。目はどのような構造になっているのでしょう。

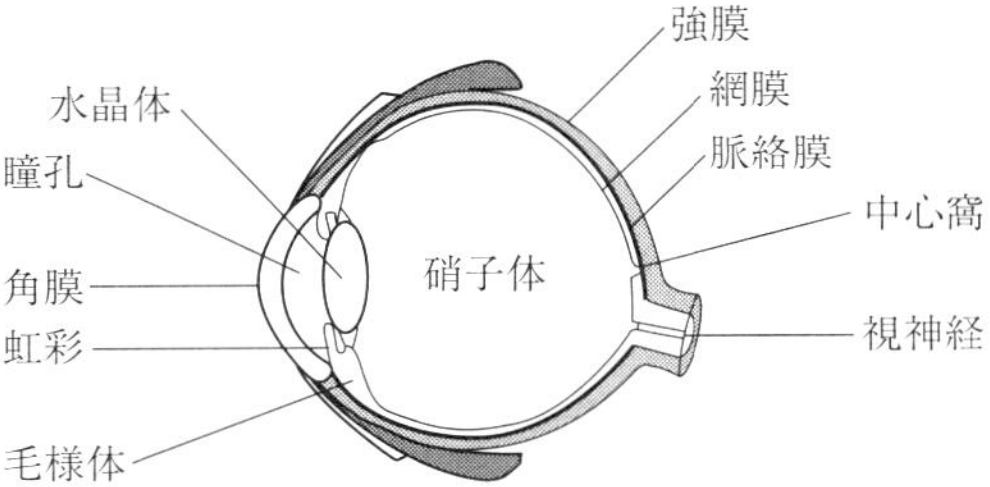

図2-1　**眼球の解剖図**　網膜が光を受け、その情報を視神経が脳に伝える。

眼球の構造

眼球は直径二五ミリメートルほどの球形の物体であり、図2-1に示したような構造をしています。上下のまぶたの間を通った光は角膜で大きく屈折されて水晶体に達します。そして水晶体で再び屈折されたのち、硝子体《しょうしたい》を通って網膜に像を結びます。この網膜に視細胞があり、そこから視神経が伸びて脳に情報を伝えることになります。

角膜は黒目に当たる部分であり、光が通過するため、実際には透明です。空気の屈折率は一・〇〇〇ですが、角膜の屈折率は一・三三七であり、水の屈折率（一・三三三）に近くなっています。そのため、光は角膜で大きく屈折され、その後水晶体で微調整されるものと考えられます。

黒目の周囲にある茶色っぽい部分を虹彩といいます。虹彩に囲まれた穴を瞳孔といいます。瞳孔は目に入る光の量を調節する部分であり、その直径を調節するのが虹彩になります。明るいところでは閉じて光の通過量を少なくし、暗いところでは開いて通過量を増やします。カメラでいえば絞りに相当します。虹彩は日本人では茶色、欧米人では青い人もいますが、黒い目、青い目に見えるのはこのためです。

レンズに相当するのが水晶体であり、ここで光を微妙に屈折させて網膜上にピントを結ばせます。そのため、遠くのものを見るときと近くのものを見るときとでは水晶体の屈折率を変える必要が出てきます。その役目をするのが毛様体です。毛様体が伸び縮みすることによって水晶体が引っ張られたり、押し縮められたりします。水晶体の厚みが変わると、屈折率が変化することになります。

水晶体の奥に広がる球状の部分は硝子体で、眼球の主体部分です。眼球の形を維持する働きがあります。ここの成分は九九パーセント以上が水分であり、そのほかにはヒアルロン酸やコラーゲンなどが含まれています。

網膜の構造

硝子体は三層の膜で覆われています。外側から強膜、脈絡膜、網膜です。水晶体から来た光が像を結ぶのが網膜であり、カメラでいえばフィルムに当たります。光の通過する媒体である角膜、水晶体、硝子体はいわば物理的な器官であり、将来的には機械で置換できそうな部分です。しかし網膜は化学的な働きと神経的な働きを結合する部分であり、視覚の中心的な働きをする部

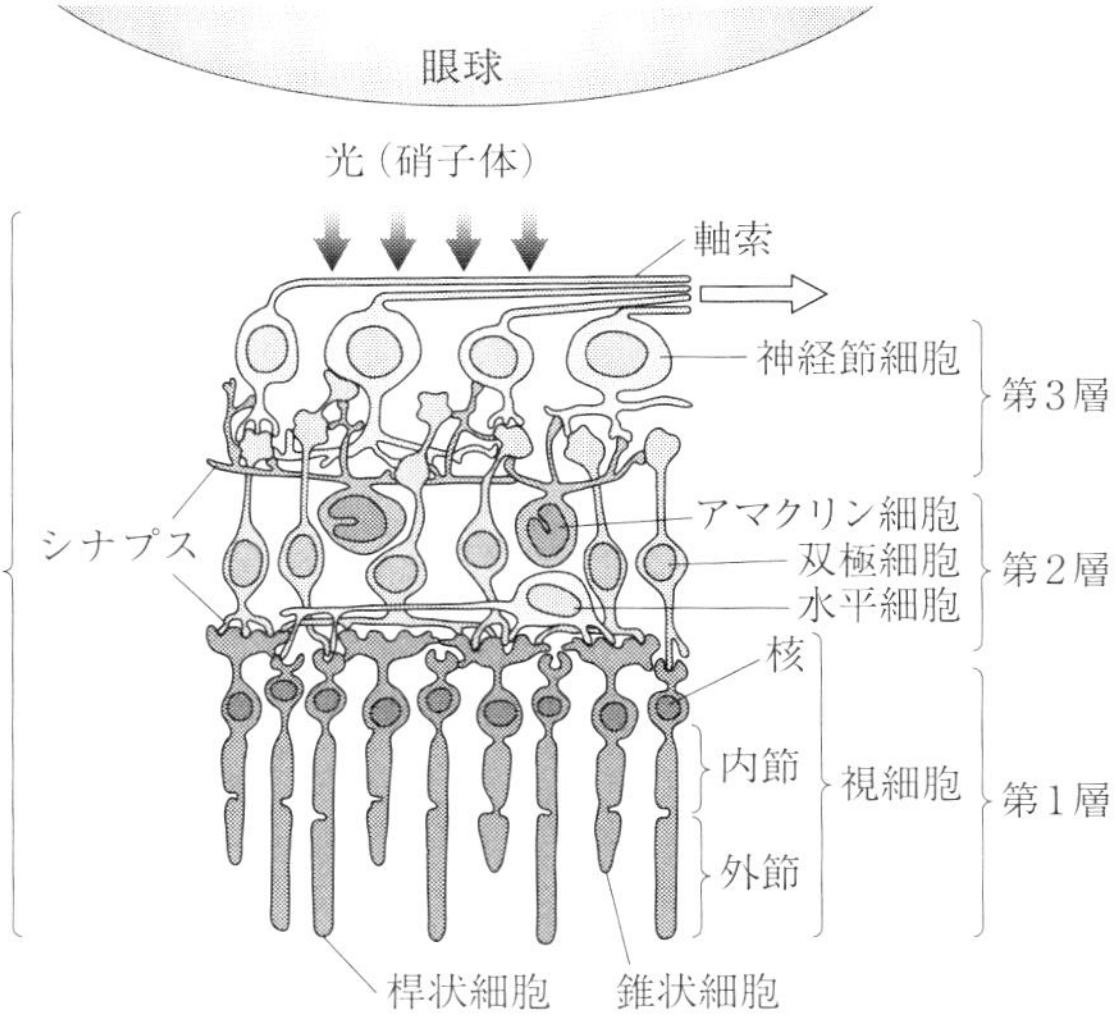

図2-2　網膜の解剖図　光は第3、第2層を通過した後、第1層の視細胞に達する。

分といえます。

網膜は厚さ〇・一〜〇・四ミリメートルの薄い膜であり、図2−2に示すように三層からなっています。もっとも内側、すなわち硝子体に近く、光が直接当たる部分にあるのが神経節細胞からなる第三層です。その外側に第二層があり、ここはアマクリン細胞、双極細胞、水平細胞の三種類の細胞からできています。そしてもっとも外側、すなわち、光からもっとも遠いところに第一層の視細胞があります。

光を感じるのはこの視細胞ですから、硝子体を通過した光は視細胞に達する前に二層、四種類の細胞を通過しなければなりません。これは解像力からいったら決して有利なことではありません。そこで、網膜の一部では第二、第三層をなくして、第一層をむき出しにして解像力を高めています。そこは中心窩《か》と呼ばれ、視野のほぼ中心になり、もっとも解像力の高い部分になっています。

神経節細胞からは長い軸索といわれる部分が出ていますが、これは視神経乳頭と呼ばれる部分で束ねられ、網膜にあいた穴から眼球の外に出て、脳へと繋がっています。

桿状細胞と錐状細胞

網膜を作る視細胞には棍棒状の桿状《かんじょう》細胞と、先端が円錐状になった錐状細胞があります。桿状細胞は明暗を判断しますが錐状細胞は色彩を判断します。人間の場合、錐状細胞の個数は五〇〇万から六〇〇万個、桿状細胞は一億数千万個と、桿状細胞が圧倒的に多くなっています。錐状細胞は大部分が中心窩の近くに配列しています。それに対して桿状細胞は網膜全体に存在しています。

色彩を感じる錐状細胞は、人間の場合では三種類あり、それぞれ赤、緑、青という光の三原色に感応します。このように三種類の錐状細胞を持っているものには、人間のほかに先ほど登場したサルやコイなどが知られています。しかし、多くの哺乳類は二種類の錐状細胞しか持っていないので、光の三原色すべてには対応していないものと思われます。

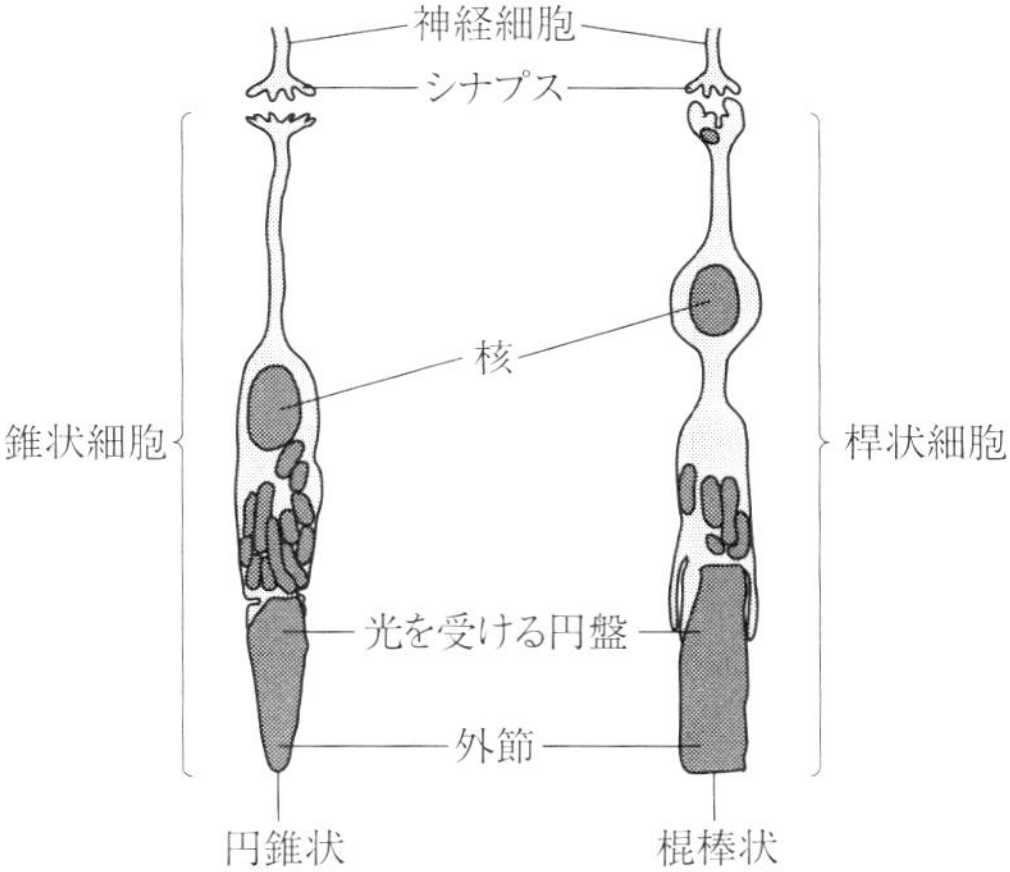

図2-3　桿状細胞と錐状細胞　桿状細胞は明暗を、錐状細胞は色彩を判断。外節の形が異なる。

2-2　視細胞

前節で、網膜を作る視細胞は桿状細胞と錐状細胞という二種類の細胞からできているといいましたが、ここではそれらの構造と働きをさらに詳しく見てみましょう。

視細胞の構造

桿状細胞と錐状細胞の構造は、それぞれ図2-3のようになっています。形は両者ともよく似ていますが、外節部分に大きな違いがあります。桿状細胞はその名前のとおり棍棒状であり、錐状細胞は円錐状になっています。

視細胞は神経細胞の一種ですから、細胞の一端に樹木の枝のような樹状突起があり、それで次の神経細胞と接合しています。神経細胞同士の接合部分をシナプスといいます。

シナプスの形態にも違いがあり、桿状細胞は単純な形をしていますが、錐状細胞は複雑に枝分かれしています。明暗だけを扱う桿状細胞と、色彩を扱う錐状細胞との間の情報量の違いを反映しているようです。

桿状細胞の内部構造を図２－４に示しました。外節部分にディスクと呼ばれる、円盤状のものが積み重なっています。ディスクは内部が空洞になっていますが、テニスボールを押しつぶしたような形を想像していただければよいでしょう。

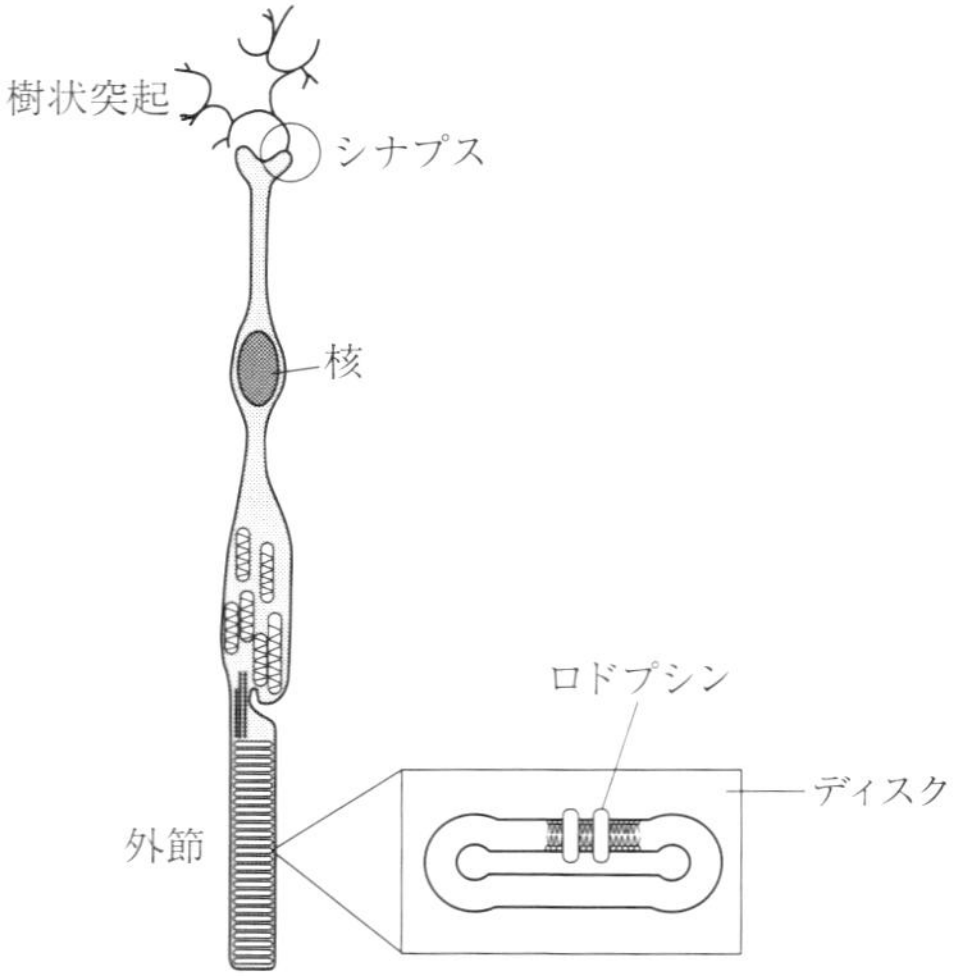

図2-4　桿状細胞の構造　外節はディスクの積層構造であり、ディスクにはロドプシンがはめ込まれている。

ディスクも細胞や核と同じように細胞膜で覆われていますが、その膜にはロドプシンという物質が挟み込まれています。ロドプシンの本体はオプシンというタンパク質です。ロドプシンの一番の特徴はなんといっても内部にレチナールという分子を持っていることです。

レチナールの構造

レチナールは視細胞が光を感知する場合の鍵を握る分子です。その働きは次項で見ることにして、ここではその構造を見ておきましょう。

レチナールは、ニンジンなどの有色野菜の色素としてよく知られたカロテンから作られます。カロテンは左右対称の分子構造を持っています。これが体内で酸化酵素によって酸化的に真っ二つに分断（酸化分解）されると二分子のビタミンAとなります。ビタミンAは切断部分がCH_2OHとなり、OH原子団（ヒドロキシ基といいます）を持っているので、アルコールであることが分かります。そしてこのアルコール

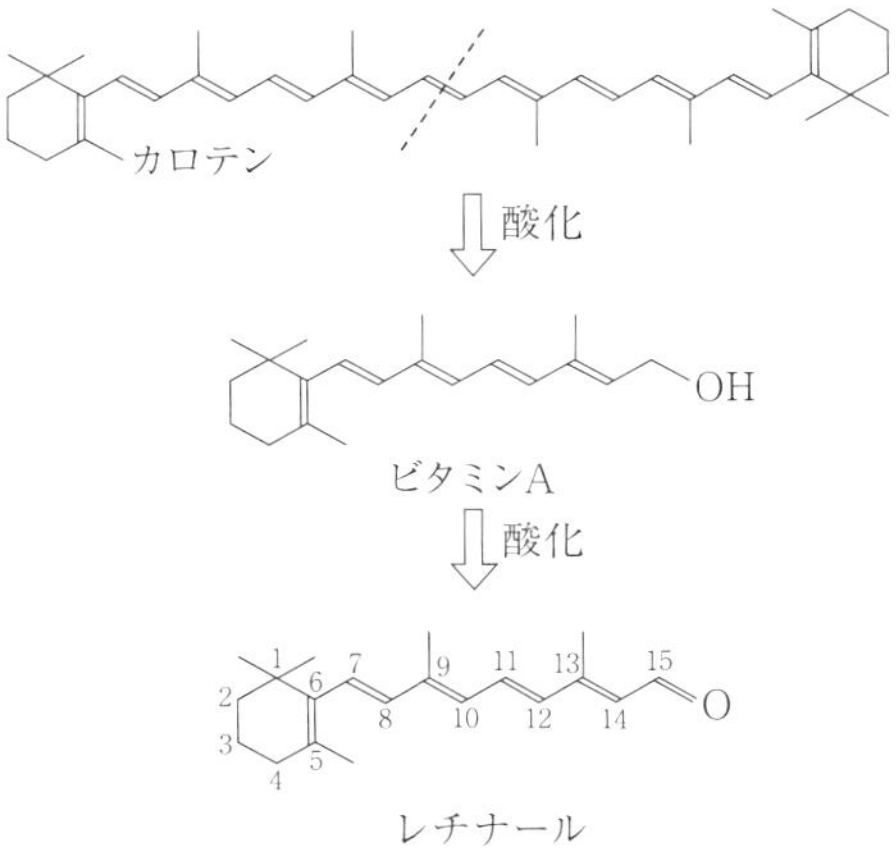

図2-5　**レチナールの生成**　植物色素のカロテンが酸化分解されてビタミンAになり、さらに酸化されてレチナールになる。

が酸化酵素によってさらに酸化されると、末端部分がCHOに変化してアルデヒドになります。このアルデヒドがレチナールの正体です（図2－5）。

レチナールがなければ視細胞は機能しません。視力にとってビタミンAが大切だといわれるのはこのような理由からです。

コラム① メタノールと失明

エタノール（お酒の主成分）を飲むと二日酔いになりますが、メタノールを飲むと失明、ひどい場合には命を落とすことさえあります。なぜでしょう？ エタノールはアルコールですから、体内に入ると酸化酵素によって酸化されてアセトアルデヒドになります（図2－6）。これが有害物質となって二日酔いを引き起こすのです。しかしこれも酸化酵素によってさらに酸化され、酢酸を経て二酸化炭素と水になって、二日酔いはなくなります。

メタノールも同様に酸化されてホルムアルデヒドになります。ところがこのホルムアルデヒドは、毒性が強いのです。ホルムアルデヒドの三〇～四〇パーセント水溶液が、ホルマリンです。ホルマリンはタンパク質を硬化させて機能を喪失させます。また、ホルムアルデヒドはシックハウス症候群の原因物質ともされています。

ところで、目が機能を維持するためには、ビタミンAを酸化してレチナールを作らなければばなりません。そのため、目の周囲には酸化酵素がたくさんあります。これは、血流に乗って移動してきたメタノールが目の周囲で有毒なホルムアルデヒドに変化することを意味します。したがって、メタノールを飲んだ影響がまず目に出ることになるのです。

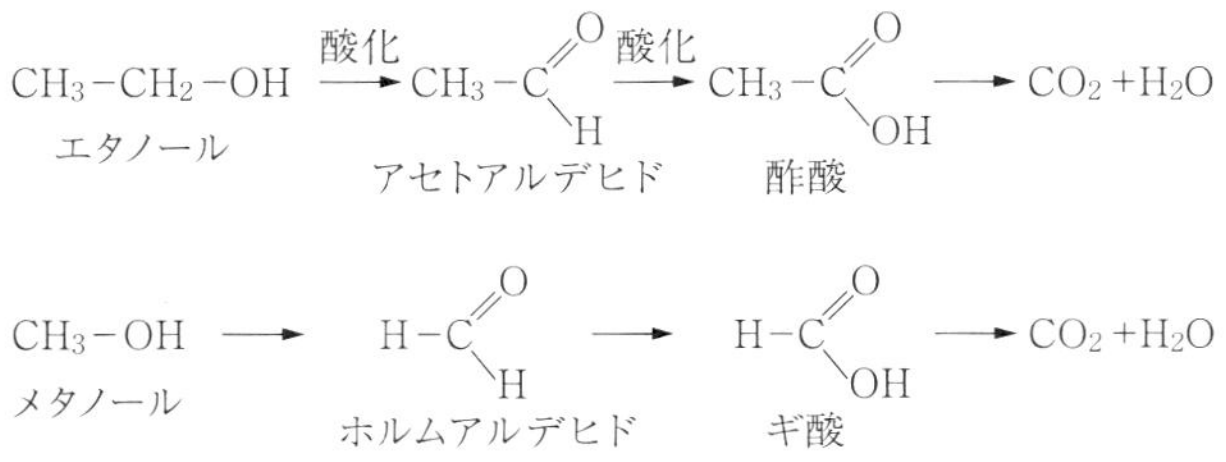

図2-6　アルコールの酸化　アルコールは酸化されてアルデヒドになり、さらに酸化されて二酸化炭素と水になる。

ロドプシンの働き

それでは、目に入った光が視細胞に届いたらどのような変化が起こるのでしょうか。光は視細胞の外節に達し、そこでディスク中のタンパク質の一種であるロドプシンの中にあるレチナールに届きます。このレチナールこそが、光と最初に反応する分子なのです。そして、レチナールが光によって化学変化を起こします。その変化をロドプシンが察知し、それが結果的に光を感知する、という機能になるのです。

図2－5に示したレチナールは、オールトランス－レチ

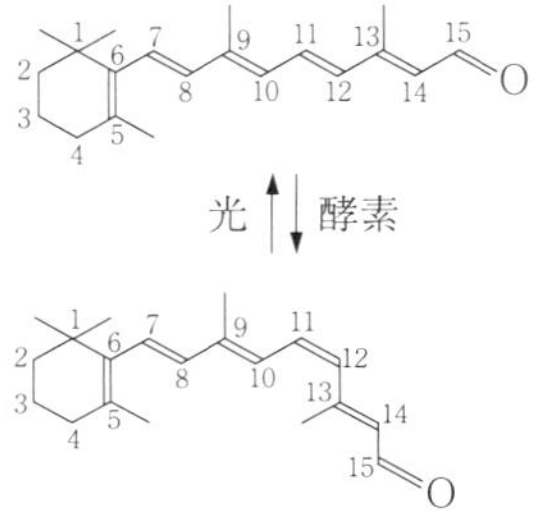

レチナール
オールトランス型

レチナール
11-シス型

図2-7　レチナールの光異性化　11-シス型のレチナールに光が照射されるとオールトランス型のレチナールに変化する。

ナールという分子です（図2-7）。しかし、光が当たる前のレチナールはこれとは異なった構造、すなわち11-シス-レチナールといわれる分子でできており、図中12-13部分の曲がり方が異なっています。このように、同じ分子でありながら、構造の変化した分子を互いに異性体といいます。

この11-シス型に光が当たると、図2-7に示したように異性化して、オールトランス型に変化するのです。11-シス型とオールトランス型では分子の形が異なります。ロドプシンはその形状の変化を感知して、光が来たことを感知するのです。このようにして〝光照射〟という物理現象が、異性化という〝化学現象〟に翻訳されるのです。

オールトランス型に変化したレチナールは、色素上皮細胞にある異性化酵素の作用によって直ちに元の11-シス型に戻り、次の光に備えます。

錐状細胞の挙動も桿状細胞とほぼ同じです。桿状細胞と錐状細胞の化学的な違いは、レチナールに結合しているタンパク質のわずかな分子構造の違いです。それによって、桿状細胞ではロドプシンと呼ばれますが、錐状細胞ではフォトプシンと呼ばれます。フォトプシンには三種類あ

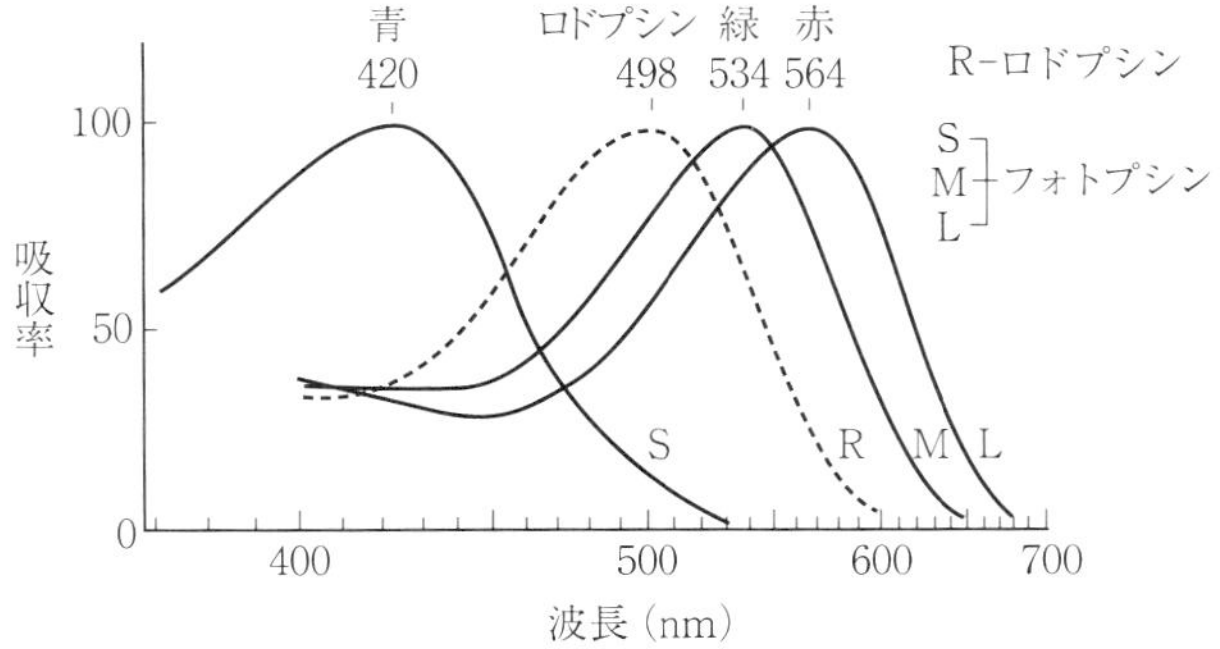

図2-8　人のロドプシン（点線）とフォトプシンの吸収スペクトル　フォトプシンは三原色を感じることができる。

り、三種の錐状細胞にそれぞれ異なったフォトプシンが入っています。どのフォトプシンが入っているかによって、それぞれ赤、緑、青に感応することになります。

ロドプシンと三種のフォトプシン、それぞれが感応する波長帯域を図２－８に示します。

2－3　神経伝達

ロドプシンにあるレチナールに照射した光は、11－シス－レチナールをオールトランス－レチナールに構造変化させることにより、ロドプシンタンパク質に光が来たことを知らせました。光の役割はここで終わりです。

ここから先は、生体の情報伝達系が、ロドプシンタンパク質が発信した情報を脳に伝えるという、生理学的、化学的な話に移行します。

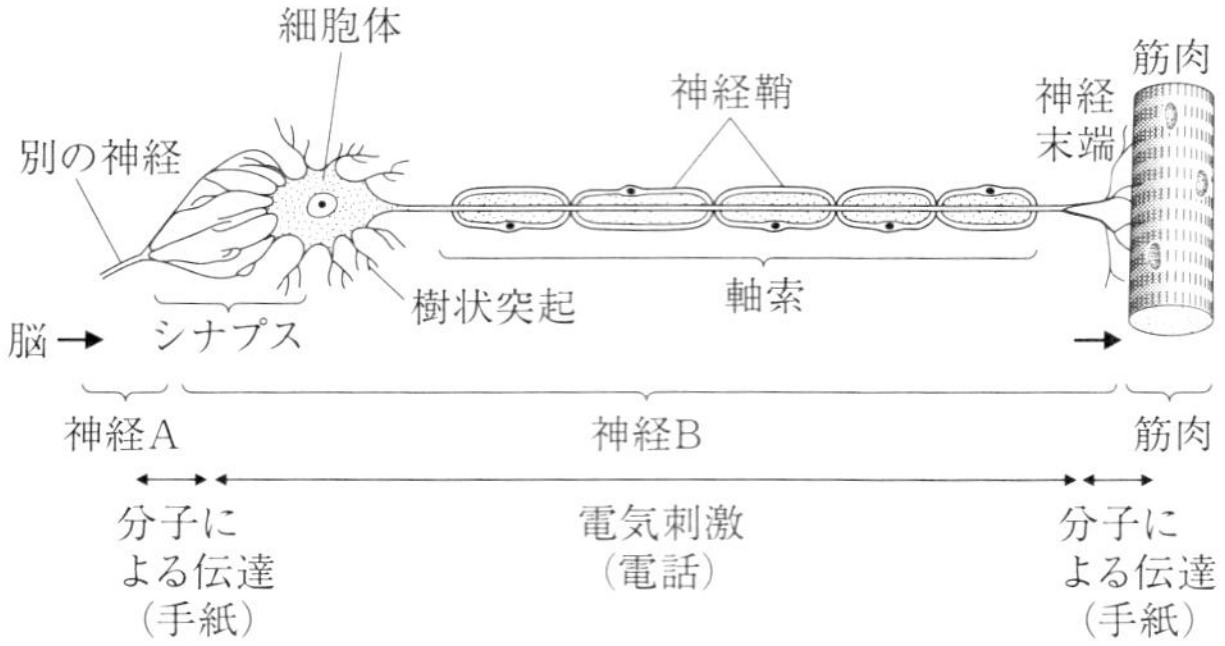

図2-9　神経細胞の解剖図　情報は細胞内を電気信号で伝わり、細胞間は分子授受によって伝わる。

神経伝達

視覚を伝える神経を視神経といいます。視神経の話に入る前に、神経伝達がどのような機構で行われるものなのか、見ておきましょう。

人間の情報伝達は神経細胞を通じて行われます。神経細胞は細長い細胞であり、そのうち膨らんで核の入っている部分を細胞体といいます。細胞体からは樹状突起といわれる、枝分かれしたひげのようなものがたくさん出ています。細胞体から出ている長い棒状の部分を軸索といい、その先端の根のような部分を神経末端といいます（図2－9）。

情報伝達は何個もの神経細胞を経由して行われ、その接合部分は樹状突起と神経末端が絡まるようにして接しており、シナプスと呼ばれます。情報伝達は二段構えで行われます。電話と手紙のようなものです。一個の神経細胞の中には電話線が引かれているので、この間の連絡は電気刺激による電話で行われます。しかし、神経細胞の間には電話線が引かれていないので、この間の連絡は〝神経伝達物質〟と呼ばれる手紙（分子）の移動によって行われることになります。色は途中では電気信号なのです。

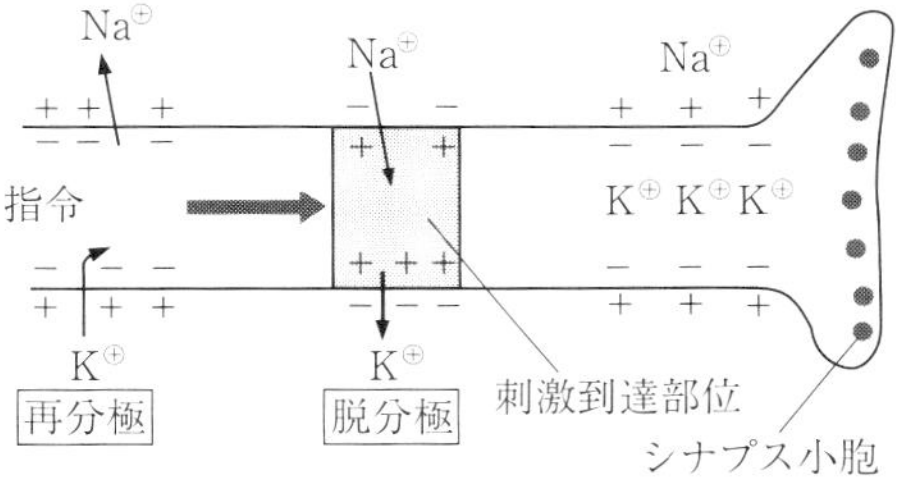

図2-10　神経細胞内の電気信号　ナトリウムイオン$Na^{\oplus}$とカリウムイオン$K^{\oplus}$の出入りによって伝わる。

（a）電気刺激

電気刺激による連絡は、ナトリウムイオン（Na^+）とカリウムイオン（K^+）が軸索を出入りすることによって行われます。

通常の状態では軸索内にはK^+が過剰にあり、細胞外にはNa^+がたくさんあります。また、軸索にはNa^+の出入りするナトリウムチャネルとK^+の出入りするカリウムチャネルがたくさん存在しています。

図2－10では情報が軸索上を、左から右に向かって進行するものとして描いてあります。情報が伝わって影の部分に来るとK^+が軸索から出て、代わりにNa^+が入ってきます。この現象を脱分極といいます。そして脱分極によって軸索の細胞膜を挟んだ電位差（膜電位といいます）が変化するのです。

するとこの電位差による電気刺激によって影の部分の右隣がまた脱分極を起こします。と同時に、影の部分ではNa^+が細胞外に出て、代わりにK^+が戻ってきて、初期状態が回復されることになります。この現象を再分極といいます。

このように、脱分極と再分極を繰り返すことによる情報伝達が、電話連絡で行われている実態です。

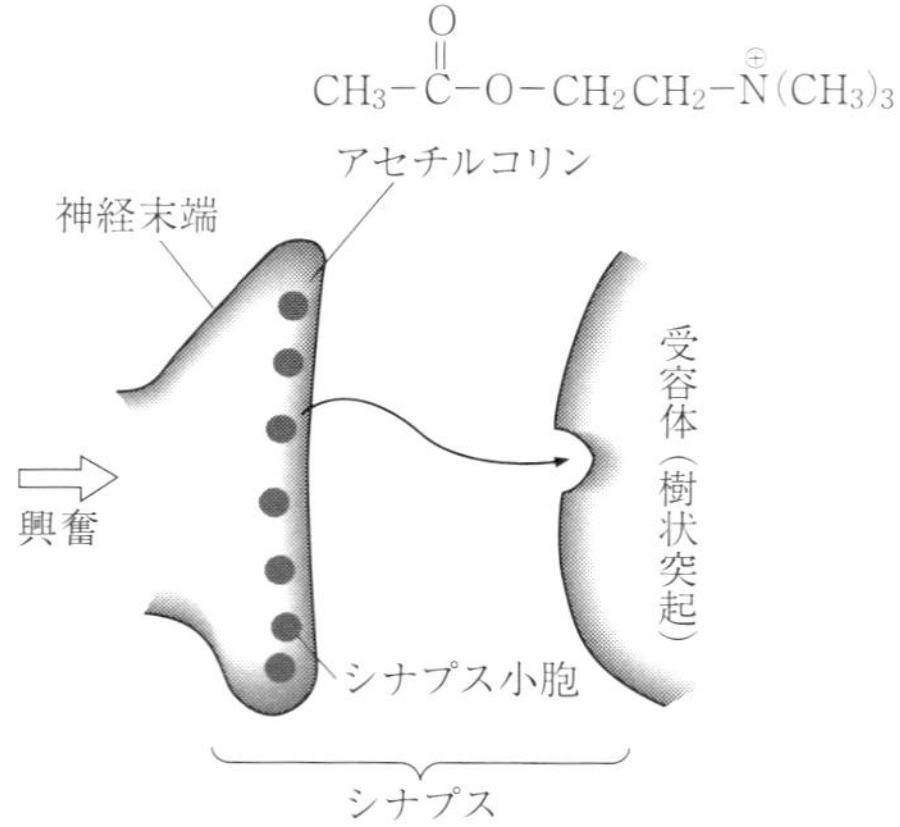

図2-11　**神経細胞間の情報伝達**　アセチルコリンなどの神経伝達物質の授受によって行われる。

(b) 神経伝達物質

電気信号が神経末端に達すると、その刺激を受け取るのがシナプス小胞です。シナプス小胞が電気刺激を受けると、ここから神経伝達物質と呼ばれる小さな分子が放出され、隣の神経細胞の樹状突起に結合します。するとこの樹状突起は興奮してK^+を放出し、Na^+を導き入れて脱分極を起こし、電気信号が発生する、というしくみになるのです（図2-11）。

神経伝達物質にはアセチルコリンやドーパミンなどがよく知られています。

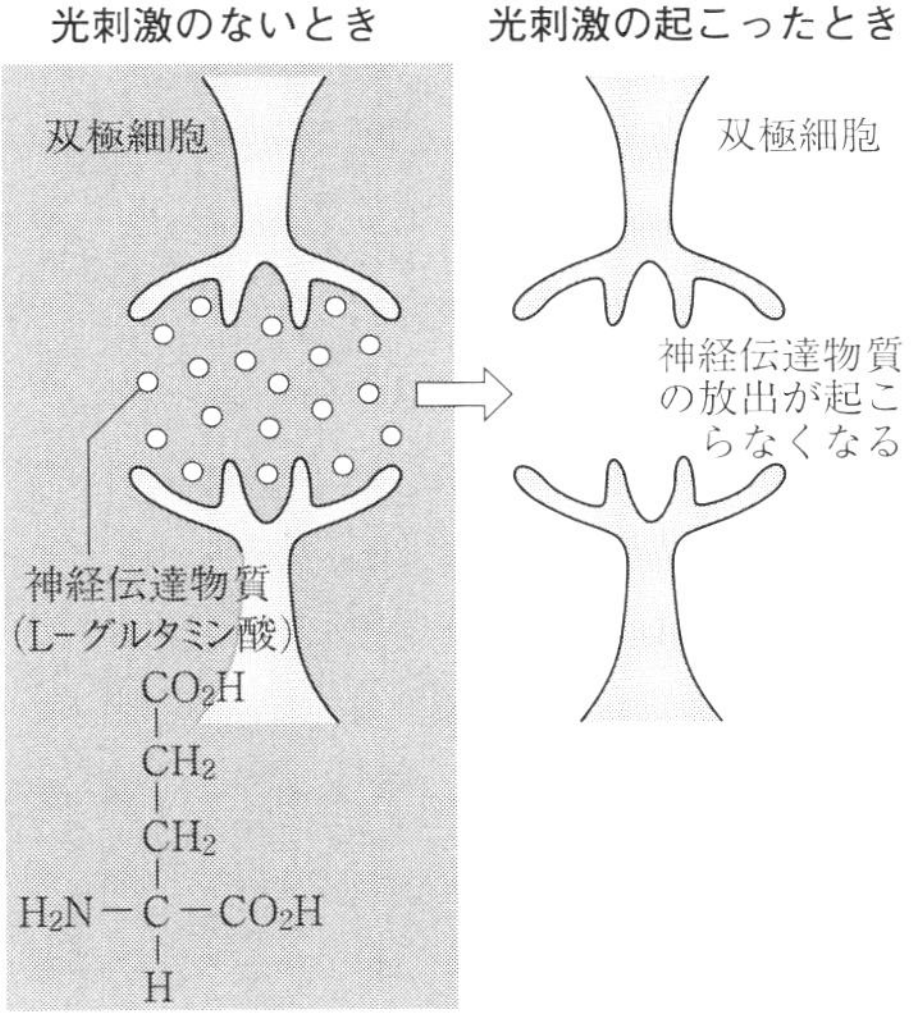

図2-12　**神経伝達物質の出入り**　光刺激がないときには放出され続け、刺激を受けると放出が停止する。

視細胞の情報発信

一方、視細胞の情報発信機構は他の神経細胞と大きく異なっています。

普通の神経細胞では、刺激が到達したときに神経伝達物質を放出します。ところが視細胞は刺激がないときに伝達物質を放出し続けているのです。そして刺激が来たときに放出を停止します。ですから、普通の神経細胞とまったく逆のパターンになっています。なお、視細胞の神経伝達物質は味の素で知られたL－グルタミン酸です（図2－12）。

すなわち、レチナールの形状変化を受けてロドプシンの発信した信号が、桿状細胞中を電気信号で通過してシナプス小胞に達し、神経伝達物質の放出を停止するのです。するとその停止を受けて双極細胞が電気信号を発信し、次々に網膜細胞を経由して最後に神経節細胞に達し、そこから脳に向けて信号（情報）が発信されるのです。

なお、左右両方の眼球から情報が脳に伝えられますが、右目の情報は脳の左半球に伝えられ、左目の情報は右半球に伝えられます。この神経の交差点は脳の下垂体の部分になります。これを視交叉と呼んでいます（図2－13）。

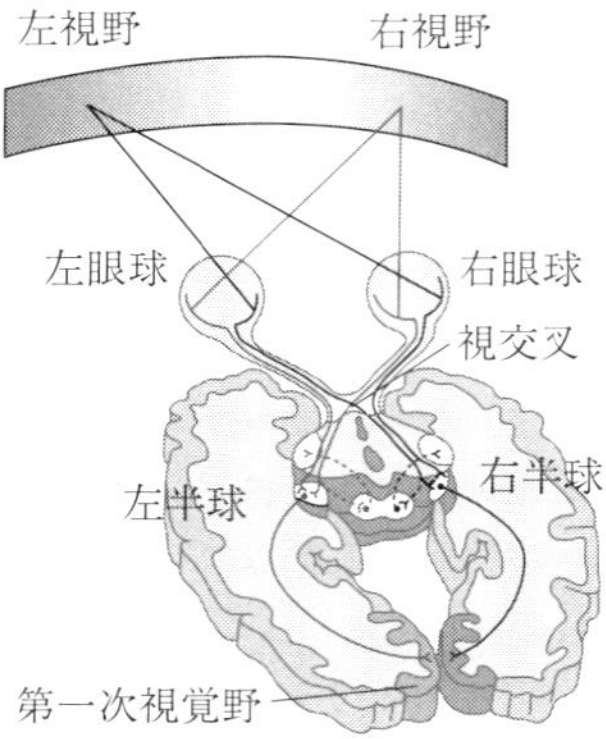

図2-13　情報交差　右眼、左眼の視神経からの情報は、脳に伝わるときには交差して脳の左右半球に伝わる。

視細胞でレチナールが光情報を受け取ってから、その情報が脳に送られるまでの過程を見てきました。脳は桿状細胞と三種類の錐状細胞から送られてくる情報を総合して明るさと色彩を認識するものと思われますが、その詳細はまだ明らかにはなっていないようです。しかし、脳内における情報処理の結果、それが色彩と心理の関係となり、人間の感情あるいは行動となって現れる部分は、心理学の面からアプローチされています。色彩と心理に関しては、第6章でふれます。

第3章　光の科学

色彩の問題をさらに詳しく考えるために、この章では、そもそも光とはどういうものなのかを、科学的な見地から見てみることにしましょう。

3―1 光とエネルギー

光とは何でしょう？ 光は明かりでしょうか？ 確かに光があると明るく見えます。しかしそれはニュートンが言ったように「光が明るい」のではなく、「光が明るさを作る」のです。それでは「明るさを作る」とはどういうことでしょう？ それは、私たちの感覚器官（目）と情報伝達器官（神経）と情報管理器官（脳）に「明るさを感じる一連の行動」を起こさせることを意味します。そして、器官が行動を起こすためにはエネルギーが必要です。

では、「光はエネルギー」であると言っていいのでしょうか。

光はエネルギー

光の実体が分かりにくいように、エネルギーの実体も分かりにくいところがあります。エネルギーが分かりにくいのは、エネルギーを直接見ることができず、また、エネルギーがいろいろな形態に変化するからだと思われます。

エネルギーの定義は、どの現象に則して定義するかによっていろいろな定義の仕方がありますが、もっとも分かりやすいのは「仕事の原動力」というものではないでしょうか。このように考えると、熱も風も電気も原子力もエネルギーの一種であることになります。多くの機械がこれら、熱、風、電気などのエネルギーを原動力として働いています。そして、エネルギーが道具を動かして仕事をしているのですから、仕事もエネルギーの一形態、すなわちエネルギーであるということになります。

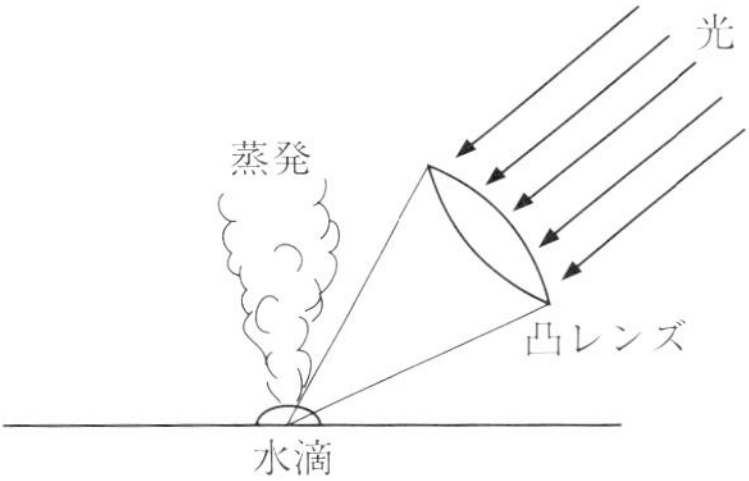

図3-1　光のエネルギー　凸レンズで集光すれば高熱を得ることができる。

このようにエネルギーは、私たちにとってもっとも身近なものであるにもかかわらず、あるときは熱、あるときは風、あるときは電気のように、いろいろな姿で現れるので、私たちにピンとこないだけなのです。

実は、光もこのようなエネルギーの一種なのです。光をレンズで集めれば熱となって紙を燃やし、お湯を沸かすことができます（図3－1）。すなわち光エネルギーが熱エネルギーになって、水分子を蒸発させるという仕事をしているのです。だから光はエネルギーなのです。

太陽光は太陽から来ますが、太陽はどのようにして光を出し

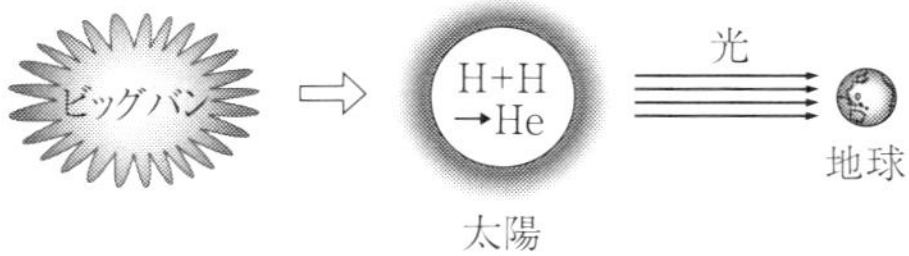

図3-2　ビッグバンと恒星のエネルギー　恒星は核融合反応のエネルギーで輝く。

ているのでしょう？　太陽は恒星の一種であり、恒星は一三七億年ほど前に起きた宇宙創成の大爆発、ビッグバンによって宇宙に散らばった水素原子の集合体です（図３－２）。

この水素が重力によって集まり、やがて高圧高温になった結果、二個の原子核が融合するという核融合反応が起きました。すなわち二個の水素原子核が合体してヘリウム原子核になったのです。ところが、ヘリウム原子核の質量は、二個の水素原子核の質量の和よりも少ないのです。そのため、減った分の質量Δm（質量欠損）がエネルギーに形を変えて放出されたのです。この辺の事情を解明したのがアインシュタインになります。そして質量とエネルギーの関係は有名なアインシュタインの式で表されます（式３－１）。

$E=mc^2$（E：エネルギー、m：質量、c：光速）　（式３－１）

すなわち、私たちが太陽の光として享受するものは、原子核エネルギーの変形であり、原子核の質量の変形と言い換えることができます。このように、熱、光、仕事、などもろもろのもののは、すべてエネルギーの変形なのです。

光の正体

光はあくまでも光なのですが、光の説明の仕方にはいろいろあります。コウモリは哺乳類ですが空を飛びます。ネズミのように赤ちゃんを産んで、ツバメのように空を飛びます。しかし、コウモリをネズミとツバメのアイノコと考える人は誰もいません。

光も同様です。光の性質のある面は、粒子に例えるとよく分かります。また、別の一面は波動に例えるとよく分かります。それだけのことです。よく、〝粒子性と波動性を併せ持つ〟などと〝木に竹を接いだ不思議植物〟のようにいわれることがありますが、そのように神秘めかして考える必要はありません。

（a）光は粒子

光は粒子のように一個、二個と数えることのできるものです。このように考えたとき、光を光子と呼びます。すなわち、光は多くの光子の集合体なのです。前章で見たように、私たちが光を感じるのは、光がレチナールという分子と相互作用することがきっかけになっています。

分子は一個、二個と数えることのできる粒子、物質です。このレチナール分子に衝突するのが光の粒子である光子なのです。分子と光子は一対一で衝突し、光子は分子に吸収されて分子のエネルギーになるのです。この時点で光は消滅してしまいます。このように、分子と光の相互作用を考えると、光は光子という粒子の集合体なのだ、ということがよく分かります。

この辺の事情は自動車の衝突事故に例えると分かりやすいかもしれません。分子という停車中の大型自動車に、光子という高速の小型自動車が突っ込んで衝突するのです。そして合体融合し、高エネルギー状態になるのです。事故の大きさは小型自動車の速度、すなわちエネルギーによります。

一個一個の光子は特有のエネルギーを持っています。そして、この光子のエネルギーを考えるときには光子を波に例えると分かりやすくなるのです。

（b）光は電磁波

光は電磁波の一種です。電磁波とは電波です。電子レンジのマイクロ波も、テレビの超短波も、レントゲンのX線も、地球上に絶え間なく降り注ぐ宇宙線もすべて電磁波です。電磁波は波ですから、波長（λ《ラムダ》）と振動数（ν《ニュー》）を持っています。

電磁波のエネルギーは振動数に比例します（式3－2）。また、振動数と波長は光速で関係づけられるので（式3－3）、エネルギーは波長に反比例することになります（式3－4）。すなわち、光のエネルギーは振動数に比例し、波長に反比例するのです。

$E=h\nu$（h：プランクの定数、ν：振動数）　　（式3－2）

$c=\lambda\nu$（λ：波長）　　（式3－3）

$$E=\frac{ch}{\lambda}$$　　（式3－4）

電磁波の種類とエネルギー

いろいろな電磁波とそのエネルギーを図に示しました（図3－3）。右に行くほど長波長で低エネルギーとなっています。

（a）可視光

私たち人間の目に見える電磁波を可視光といいますが、可視光は、波長でいうと四〇〇〜八〇〇ナノメートルの範囲に限られます。すなわち、幅広い電磁波の波長帯域のうち、私たちが目という感覚器官で知覚できるのはわずかこれだけの範囲でしかないのです。

可視光の範囲に虹の七色が並びます。波長の短いものから並べると順に紫、藍、青、緑、黄、

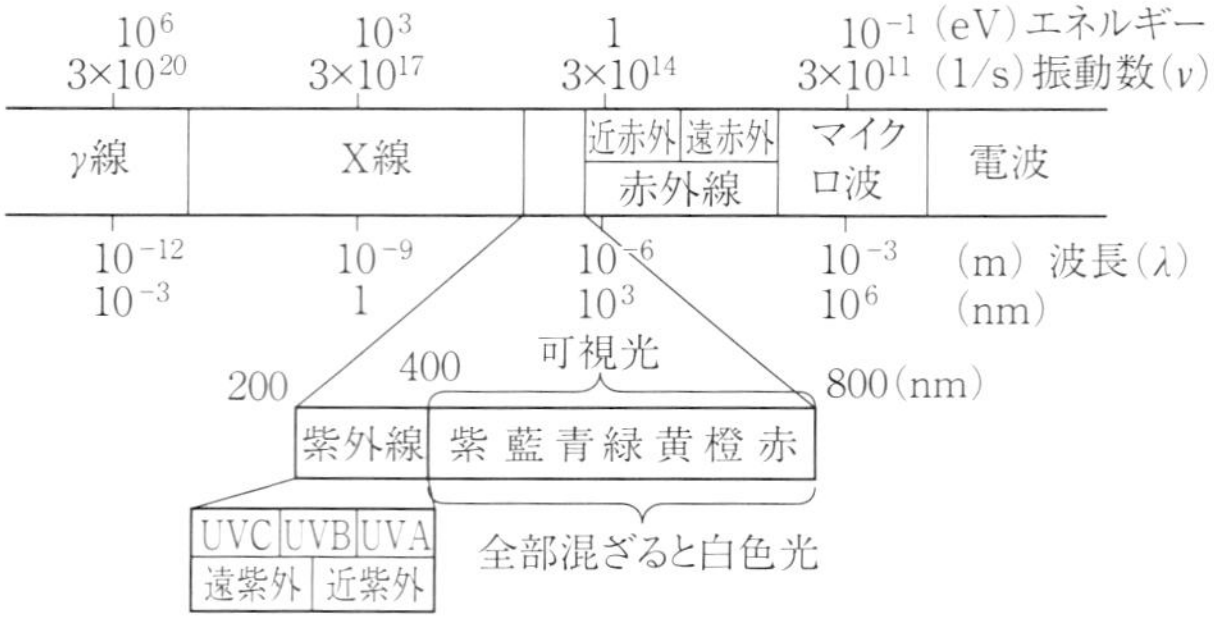

図3-3 電磁波の種類とエネルギー 短波長になるほど高エネルギーとなる。

橙、赤となります。紫の端が四〇〇ナノメートルであり、赤の端が八〇〇ナノメートルになっています。この関係は倍音の関係になっています。倍音とは、音楽でいえばオクターブの関係です。すなわち〝下のラ〟と〝上のラ〟は人間の感覚には同じように響きますが、振動数は下のラが四四〇ヘルツ、上のラが八八〇ヘルツと二倍の関係になっています（図3－4）。

同じように、四〇〇ナノメートルの光と八〇〇ナノメートルの光は、エネルギー的には異なりますが、色彩的には同じものと意識されてしまいます。色円で赤と紫が隣り合わせになり、それが人間の感覚に合っていると思えたのはこのような関係があったからなのです。

（b）赤外線（Infra Red：IR）

赤より波長の長い光（正確には電磁波）は赤外線と呼ばれます。赤外線は人間の目には光として感じられませんが、皮膚は熱として知覚します。そのため、熱線とも呼ばれます。赤外線のうち可視光に近い波長のものを近赤外線、遠いものを遠赤外線と呼びます。

遠赤外線は、エネルギーは低いのですが波長が長いので、物質の内部まで入り、じっくりと加熱します。そのため、コーヒー豆、焼き芋、ウナギなどがおいしく焼けるといいます。熱した石（石焼き芋）や備長炭（ウナギ）などは遠赤外線をたくさん出すといわれます。

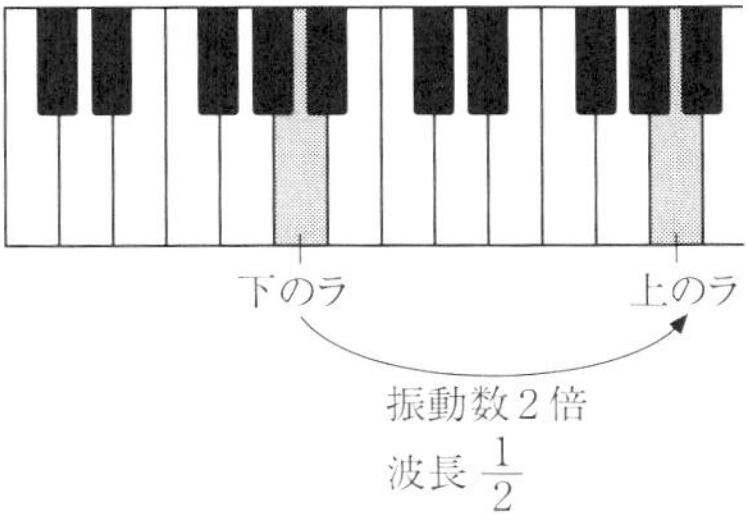

図3-4　振動数と波長の関係　可視光の範囲は倍音、つまりオクターブの関係に等しい。

（c）紫外線（Ultra Violet：UV）

紫より波長の短い電磁波を紫外線といいます。人間は紫外線を見ることはできませんが、ミツバチには見えているようです。

紫外線はエネルギーが高いので、人体に有害な面があります。日焼けなどはその例です。赤外線と同じように紫外線のうち、波長が可視光に近いものを近紫外線、遠いものを遠紫外線といいます。また、可視光に近いものから順にUVA、UVB、UVCということもあります。

UVCは波長が短いので非常に大きなエネルギーを持ち、

生物が被曝すると大きなダメージを受けます。宇宙から地球に降り注ぐ宇宙線にはこのUVCが含まれており、そのままでは地球上に生命体は発生しなかっただろうといわれています。しかし、そのUVCを防いでくれる〝地球のバリアー〟がオゾン層なのです。ですから、オゾン層に穴があくオゾンホールは大問題になるのです。

UVCよりさらに短波長（高エネルギー）になるとX線となります。レントゲン撮影に使われるこの電磁波の有害性は言うまでもないでしょう。そしてさらに短いγ《ガンマ》線は原子核崩壊によって放射される放射線であり、殺人光線とも呼ばれるほど有害性の高いものです。

3－2　蛍光灯はなぜ光る

私たちは電灯の光に慣れっこになっていますが、つい二〇〇年ほど前までは、夜の明るさは物を燃やすことによって得ていました。固体炭化水素を燃やすロウソク、気体炭化水素を燃やすガス灯、植物を燃やす松明《たいまつ》、かがり火などすべて何かを燃やすものであり、化学的な反応エネルギー（燃焼エネルギー）を利用するものでした。

イギリスのスワンが白熱灯を発明したのは一八七八年であり、エジソンが完成させたのが翌年の一八七九年でした。それ以来、水銀灯、ネオンサイン、蛍光灯、有機ELと、照明器具はもっぱら電気エネルギーに依存しながら進歩を続けています。電気照明器具はどのようなしくみで光るのでしょうか？

電灯が灯るわけ

鉄を加熱すると熱くなりますが、さらに加熱すると赤くなり、さらに加熱すると赤く明るくなり、さらに加熱すると溶けて白っぽく輝きます。白熱灯の中で白く輝いているのはタングステンフィラメントです。スイッチをひねるとフィラメントは赤くなりますが、すぐに白っぽく煌々と輝き出します。

(a) 黒体放射

一般に多くのものは高熱になると光を発します。その色彩は温度が低いときには赤く、暗く、温度が高くなると白く、明るくなります。

理論上の架空物質として黒体というものを考えます。これを加熱すると光を発することになりますが、これを黒体放射といいます。そして、どの温度でどのような色で輝くかを予想することができます。その色彩と温度を、色相、彩度、輝度によって表した図を色度図と呼びます（図1−15参照）。また、このときの温度を色温度といいますが、これはあくまでも架空の物質、黒体

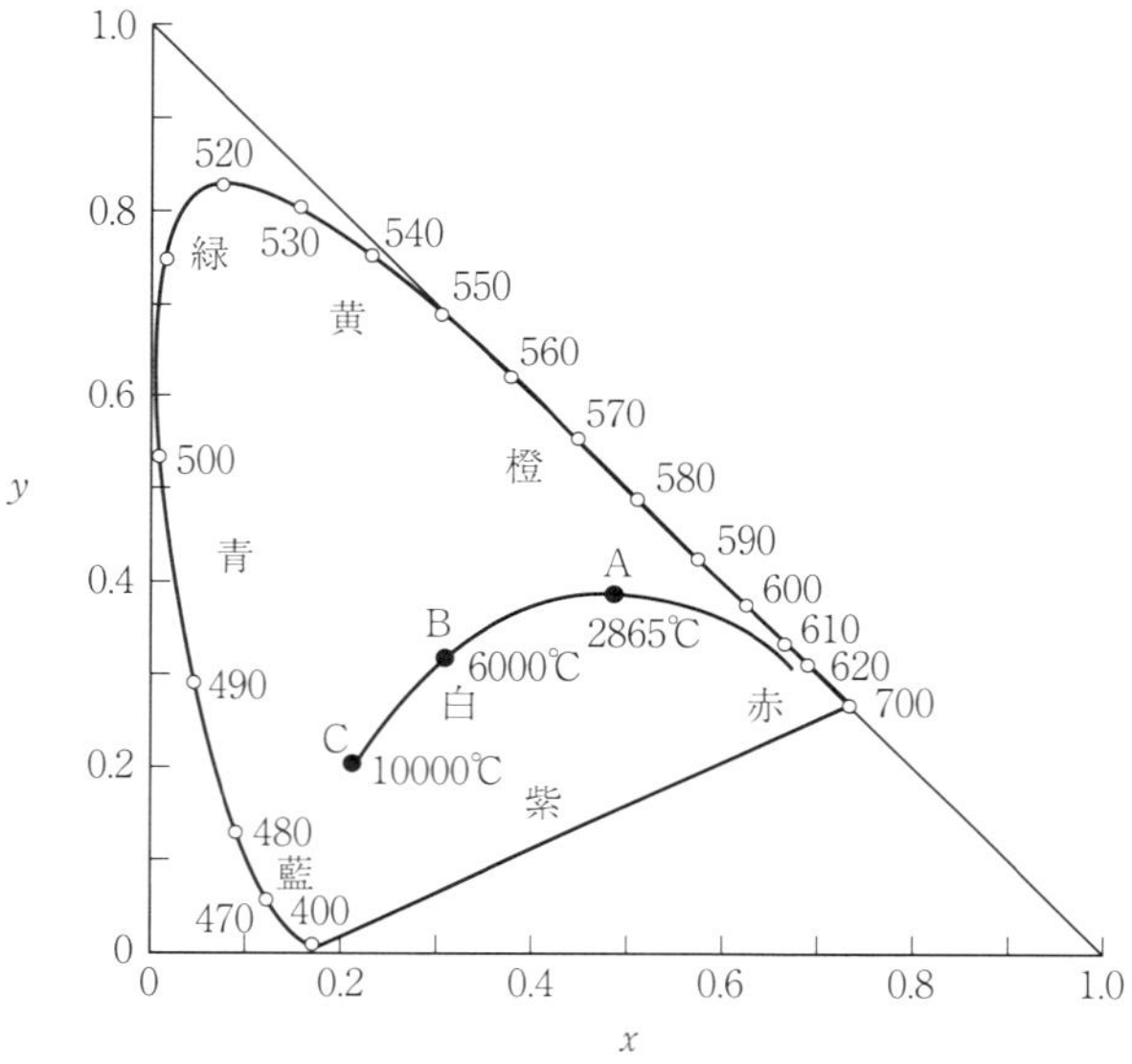

図3-5　黒体放射とCIE色度図　A－タングステン電球、B－太陽、C－青空を表す。

に対するものであり、実際の温度とは一致しません。

図の点Aはタングステン電球の光、B、Cはそれぞれ太陽と青空です（図3－5）。

（b）白熱灯の光るわけ

白熱灯の光る理由を考えてみましょう。すべての物質はエネルギーを持っています。私たちが位置エネルギーを持っているのと同じです。一階にいる人が二階に上がるためにはエネルギーΔEが必要であり、二階に上がったときにはその分のエネルギーが位置エネルギーとして増えています（図3－6）。

この人が二階から一階に飛び降りたらそのエネルギー差ΔEは余分なものとして放出されます（そのエネルギーでこの人は足の骨を折るかもしれません）。

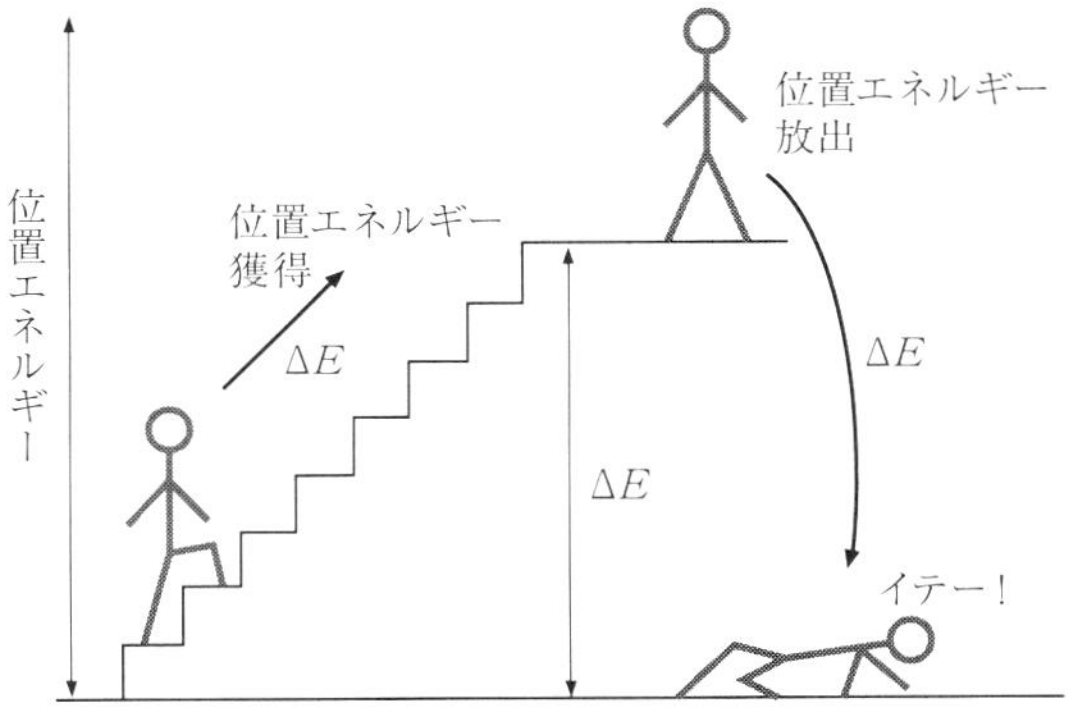

図3-6　位置エネルギーの獲得と放出　放出された位置エネルギーは仕事を行う。

白熱灯が光るのもこの原理と同様です。フィラメントになっている金属、タングステンが熱せられると、その熱エネルギーをもらってよりエネルギーの高い状態になります。このようにエネルギーの高い状態を励起状態といいます。それに対して元の、エネルギーの低い普通の状態を基底状態といいます。

励起状態は不安定ですので、物質はいつまでも励起状態のままでとどまっているわけにはゆきません。したがって励起状態の分子はまた基底状態に〝飛び降ります〟。このとき余分のエネルギーを光として放出するのです（図3－7）。

しかし白熱灯の場合、タングステンは二階に達していないといったほうが正確でしょう。二階に上がろうと盛んに飛び上がっている状態です。飛び上がるエネルギーに熱エネルギーを利用します。そして、飛び上がったけれども途中で落っこちて放出したエネルギーが光エネルギーになっている状態です。いわば非常に無駄な動きの多い発光の仕方をしていることになります。これが白熱灯のエネルギー効率の悪さに繋がっているのです。

ネオンと水銀灯の色が違うわけ

夜の街で赤く輝いているのはネオンサインです。ネオンサインはガラス管の中に希ガス元素であるネオンNeの気体が入っています。高速道路のトンネルを照らしているオレンジ色の灯りはナトリウムランプで、電球の中にナトリウム金属Naが入っています。一方、夜の公園で青白い光を放っているのは水銀灯であり、中には液体金属の水銀Hgが入っています。

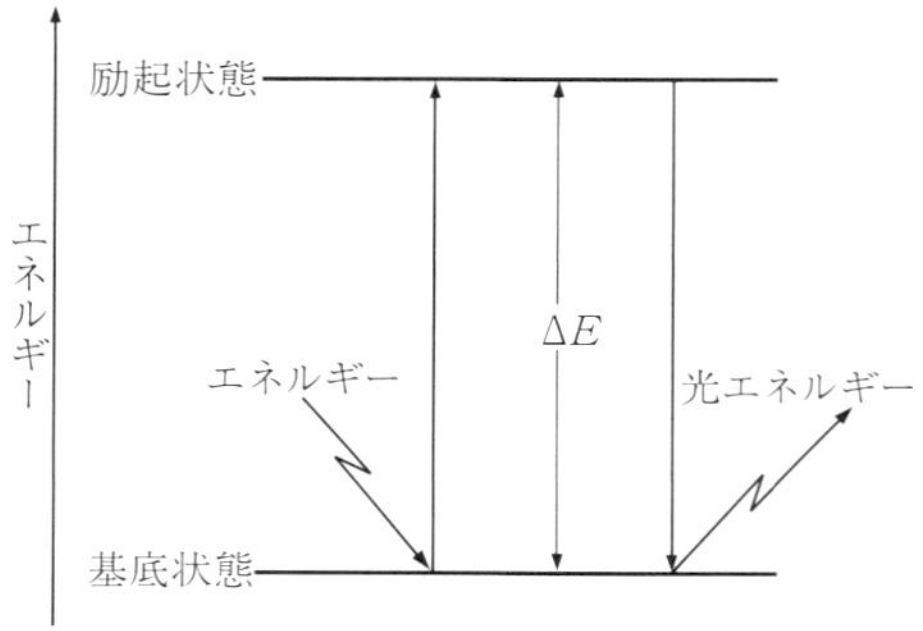

図3-7　基底状態と励起状態　基底状態と励起状態間のエネルギー差が光エネルギーとなって放出される。

(a)　発光原理

これらのランプの光るしくみは図3-7に示したとおりです。基底状態の原子がエネルギーΔE

をもらって励起状態になり、それが基底状態に戻るときに、先ほどもらったエネルギーΔEを光エネルギーとして放出するのです。問題は、励起状態に達するために使うエネルギーの出所です。

水銀灯やネオンサインのような電気発光の場合には、もちろん電気エネルギーです。白熱灯の場合と違い、原子に大きなエネルギーを一挙に与えます。そのため、原子は余分な動きをすることなく、直ちに励起状態になってしまいます。すなわち、電気エネルギーをそっくりそのまま励起エネルギーに用いることができるので、白熱灯よりエネルギー効率がすぐれていることになります。

一方、冷光と呼ばれる化学発光の場合には、励起エネルギーに化学エネルギーを用い、一方、ホタルのような生物発光の場合には生物エネルギー（結局は化学エネルギーと同じ）を用います。生物発光については3－3節で詳しく見ることにしましょう。

（b）色の違い

同じ電気エネルギーによる発光でも、ランプの種類によって光の色が違うのは、励起状態と基底状態のエネルギー差ΔEが異なるからです。

ネオンサインでは気体のネオンが電気エネルギーを吸収して光ります。ナトリウムランプ、水銀灯では、ランプに入っているのは、それぞれナトリウム、水銀の金属です。それが電熱によっ

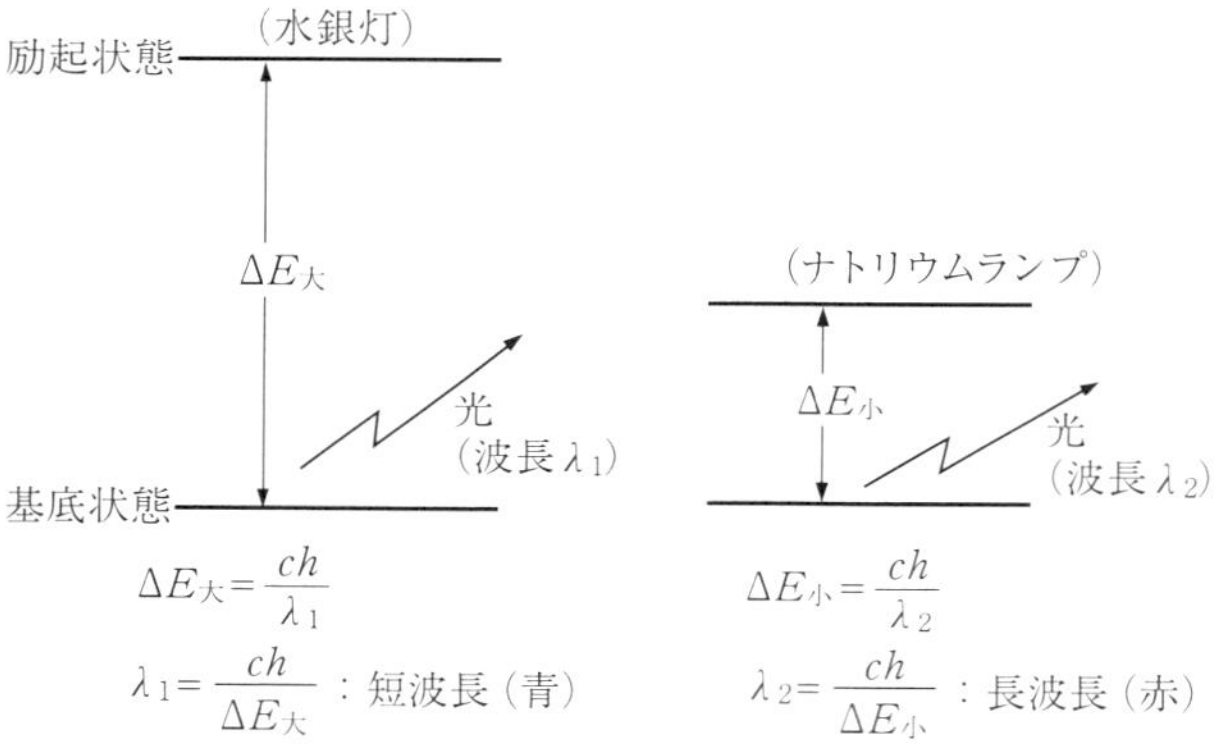

図3-8　エネルギー差と波長　エネルギーが大きければ短波長、小さければ長波長の光が放出される。

て加熱されて気体となり、電気エネルギーを吸収して光るのです。このように発光体が異なると、それによってエネルギーの事情も違ってくるのです。

ナトリウムランプの場合にはある意味でもっとも素直でしょう。基底状態が電気エネルギーによって励起状態になり、また基底状態に戻ります。このとき発光される光はエネルギー差ΔEを持つことになります。このエネルギーを持つ光の波長λは、先ほどの式3－4を変形した式3－5によって求められますが、それが約五九〇ナノメートルであり、人間の目にはオレンジ色に見えるというわけです。

$$\lambda=\frac{ch}{\Delta E}$$（式3－5）

したがって、基底状態と励起状態のエネルギー差ΔE

が大きければ、出てくる光の波長は短くなり、紫外線に近づきます。反対にΔEが小さければ波長は長くなって赤外線に近づくことになります（図３－８）。

水銀灯の場合にはΔEが大きいので青白くなり、ネオンの場合には少々複雑な事情はありますが、結局のところΔEが小さいので赤く見えるということなのです。

蛍光灯が光るわけ

蛍光灯は水銀灯の一種です。水銀灯と異なる点は、ランプの管の内側に蛍光剤が塗ってあり、私たちが目にするのは蛍光剤が出す光なのだという点です。

前項の説明で、水銀灯はΔEが大きいので青白い光を出すといいました。それはそれで正しいのですが、もっと正確にいうと、水銀灯が出す光の波長は、ランプに入っている水銀の量によって変わります。水銀量が少ないと、気体になったときの圧力が低くなります。このようなランプを低圧水銀灯といいます。反対に水銀の量が多いと圧力が高くなるので高圧水銀灯といいます。

水銀がもっとも水銀らしい光を出すのは低圧水銀灯であり、この光は二五四ナノメートルで、完全に紫外線であり、それもＵＶＣに属する有害なものです。ところが高圧水銀灯になると、水銀原子が狭いところにひしめいているため、原子同士が互いに衝突します。このときにエネルギーをロスするため、波長が長くなって四〇〇ナノメートル以上の可視光線になるというわけなの

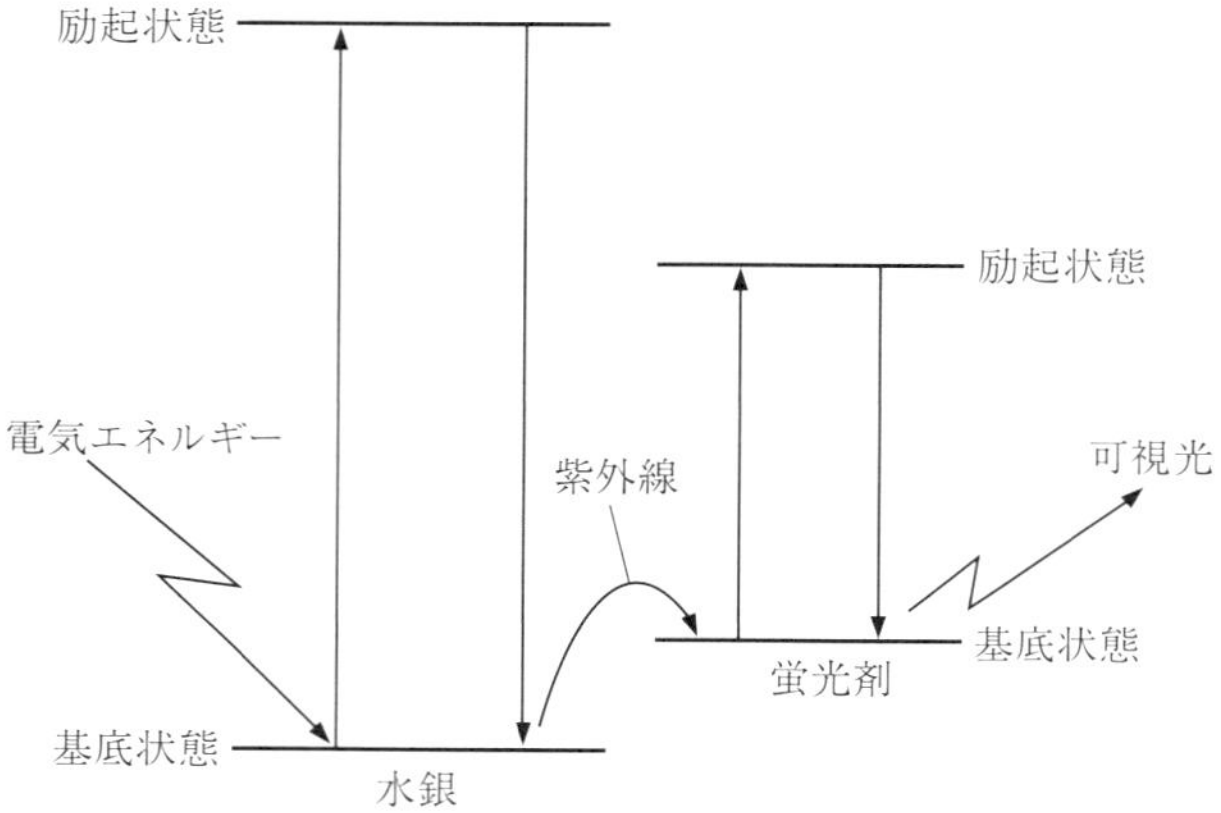

図3-9　蛍光灯が光る原理　水銀灯の光を蛍光物質が吸収し、そのエネルギーで蛍光物質が発光する。

です（図3－9）。

蛍光灯は低圧水銀灯のまま、光を可視光線にしようというシステムです。すなわち、水銀から出た紫外線を蛍光剤に吸収させるのです。すると蛍光剤はそのエネルギーを使って励起状態になり、基底状態に戻るときに光を放出します。しかし、エネルギーの吸収、放出の際には必ずロスが起こります。そのため、蛍光剤が放出する光は吸収した紫外線よりエネルギーが小さくなり、波長が長くなるので可視光線になるのです。

3－3　ホタルはなぜ光る

真っ赤に輝く鉄に触ったら、ただでは済みません。白熱電灯も触れば火傷します。蛍光灯だって長くは触っていられないほど熱くなります。

最近、ホタルは少なくなりましたが、ホタル狩りに行って火傷したという話は聞いたことがありません。だいいち、火傷するほど熱かったら、ホタル自身が火傷してしまうでしょう。ホタルの光のように、熱を出さない光を冷光ということがあります。冷光には化学発光や生物発光があります。

ルミノールが光るわけ

ミステリーはテレビの定番であり、人気の番組です。ミステリーではよく化学に関係のある場面が出てきます。科捜研の捜査官が部屋になにやら薬品をスプレーします。部屋を暗くすると床の一部が青白く輝き、「血液反応だ」と捜査官がつぶやくのです。

ということで、その輝いたところには血液があることの証明になるわけです。スプレーした薬品をルミノール、ルミノールが血液に反応して輝く反応をルミノール反応といいます。ルミノールはなぜ輝くのでしょう?

（a）化学発光のしくみ

ルミノールは化学物質であり、どこからもエネルギーをもらうことなく光っています。このような発光現象を化学発光といいます。化学発光のエネルギーは化学反応によって賄われます。

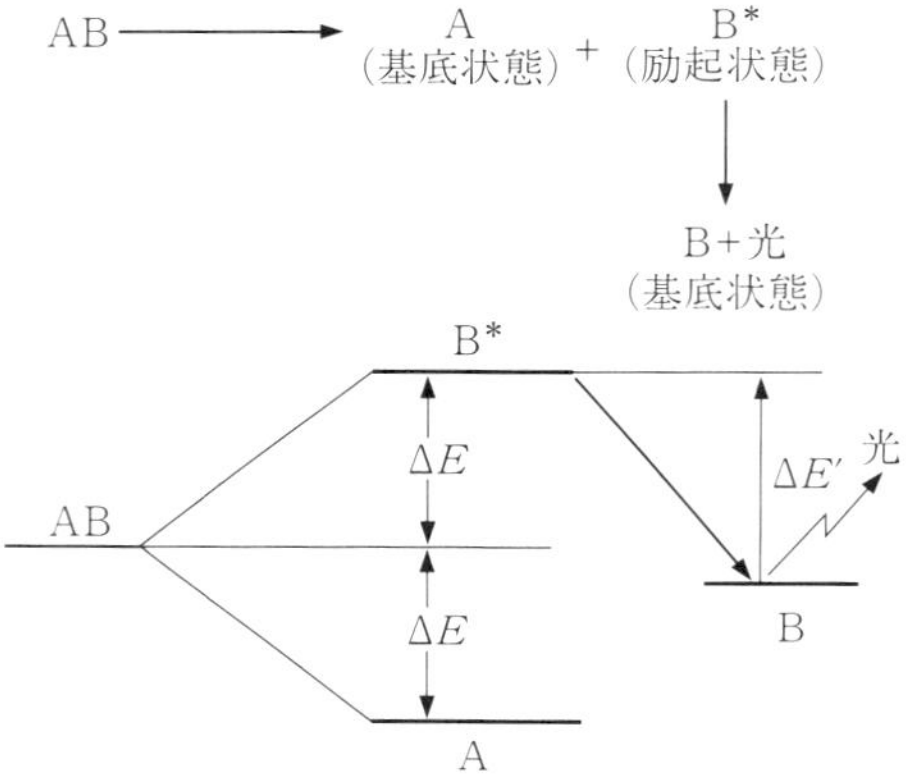

図3-10　**化学発光のしくみ**　安定な物質Aを生成することによって放出されるエネルギーでBが励起状態になる。

一般的な化学発光の機構を図3－10に示します。化学物質をABとします。これが化学反応を起こして分裂し、基底状態のAと励起状態のB^*になるのです。〃**＊**〃は励起状態を表す記号です。次にこのB^*が基底状態Bに落ちますが、そのときに余分なエネルギーを光として放出するのです。B^*が励起状態になるためのエネルギーΔEは、ABの分解によって賄われます。

(b) 発光のエネルギー

エネルギー関係を見てみましょう。ABのエネルギーを基準にとります。これが分解するときに非常に安定（低エネルギー）な基底状態の物質Aができることがポイントです。AのエネルギーはABよりΔEだけ低かったとしましょう。エネルギー保存則によって、反応の前後でエネルギーが変わってはいけませんから、Aによって低下した分だけ、Bのエネルギーは上昇しなければなりません。すなわち、BはエネルギーΔEをもらったのであり、それによって励起状態B^*になることができたのです。

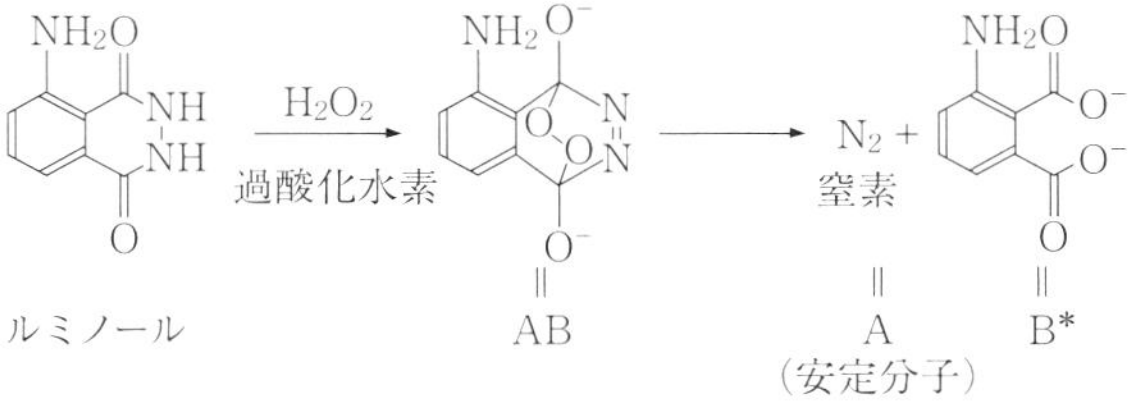

図3-11　ルミノール発光のしくみ　窒素（安定分子）を放出することによって残り分子（B）が励起状態になる。

あとはB^*が基底状態のBに落ちれば、その分のエネルギー差$\Delta E'$が光として放出されることになります。Bの基底状態のエネルギーはいろいろな場合がありますから、ΔEと$\Delta E'$は一般に等しくはなりません。

生物発光は繰り返して発光しますから、一連の発光によって生成したAとBはまたABに戻らなければなりませんが、そのためのエネルギーは生物が生化学反応によって賄うことになります。

（c）ルミノール反応

化学反応を説明するには化学式がないと非常に分かりにくいので、化学式を使うことにします。化学式は絵でも眺める気持ちで見てください。ルミノールは図3-11のような構造の分子です。これと過酸化水素H_2O_2を反応させると、ルミノールに酸素が結合したような形の分子になりますが、これが図3-10のABに相当します。そしてこれが分解するのですが、そのとき発生する安定分子Aというのが窒素分子N_2になるのです。

一連の反応は鉄イオンなどの触媒がないと進行しません。血液にはヘモグロビンという鉄を含むタンパク質があるので発光することになるのです。

ホタルが光るわけ

ホタルの発光のように、生物が自分自身のエネルギーで光るものを生物発光といいます。生物発光の発光機構は化学発光とまったく同じです。しかも、生物発光の場合には生物の種類がなんであれ、発光物質はすべて〝ルシフェリン〟と呼ばれ、触媒（生物反応の触媒は酵素と呼ばれます）はすべて〝ルシフェラーゼ〟と呼ばれます。

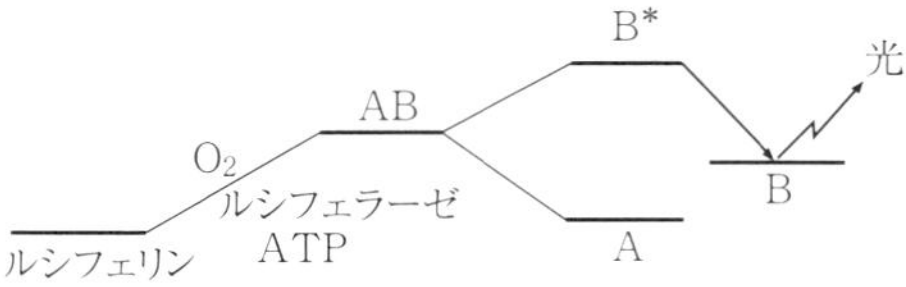

図3-12　**生物発光のしくみ**　ルシフェリン（発光物質）が酸素とルシフェラーゼ（酵素）の力を借りて発光する。

したがって生物発光の場合は、光る生物がホタルであれ、夜光虫であれ、チョウチンアンコウであれ、ほとんどすべては「ルシフェリンがルシフェラーゼの助けを借りて発光します」と、お題目のように唱えていればよいことになります。

しかし、ルシフェリン、ルシフェラーゼの分子構造はすべての生物で異なっています。したがって、そこまで掘り下げて説明しようとしたら、これまた大変なことになります。

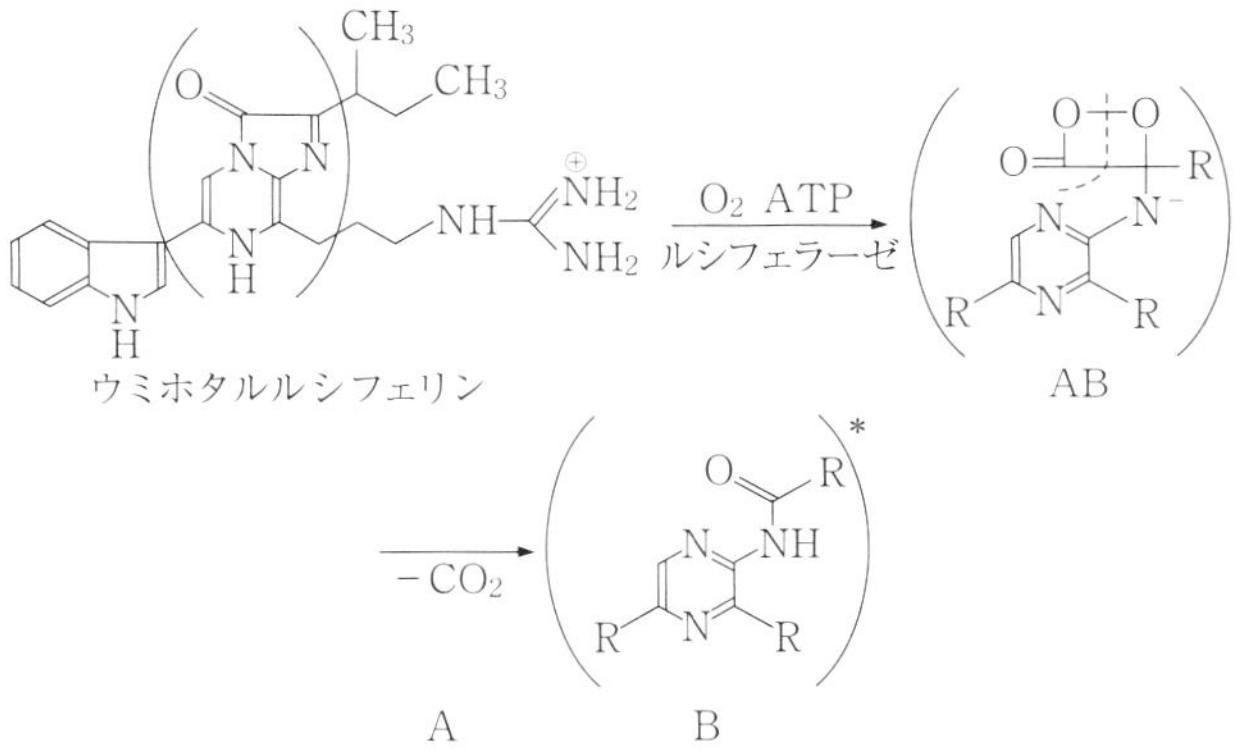

図3-13　ウミホタルルシフェリンの発光のしくみ　二酸化炭素（安定分子）を放出することによって励起状態を作り出す。

ルシフェリンの発光機構は図3－12になります。ルシフェリンが酸素と反応してABになります。このときにルシフェラーゼの助けと、生物エネルギーを必要とします。生物エネルギーは人間世界の通貨のように、単位化、一般化されています。しかも、すべての生物で共通に使用されます。私たち人間も用いています。それはATPといわれる物質です。

ABができてしまえば、そこから先の分解と発光は化学発光と寸分違いません。生物発光の場合、安定な生成物Aは多くの場合、二酸化炭素CO_2です。まとめると、ホタルの発光のためには、①ルシフェリン、②ルシフェラーゼ、③酸素、④ATPの四種類の物質が必要ということになります。参考までに、ウミホタルルシフェリンの反応の化学式を載せておきます（図3－13）。

コラム② オワンクラゲ

二〇〇八年、ボストン大学名誉教授の下村脩博士がノーベル化学賞を受賞しました。功績は「緑色蛍光タンパク質(GFP)の発見と開発」というものでした。しかし、下村先生がGFP(Green Fluorescent Protein)を発見したのがオワンクラゲの組織だったことから、「オワンクラゲの業績」のほうが分かりやすいのかもしれませんね。

オワンクラゲは発光生物の一種であり、その発光は生物発光ですが、発光機構はホタルなどのルシフェリン—ルシフェラーゼによるものとは異なります。GFPの発光機構は二段構えになっているのです。

まずイクオリンといわれる発光タンパク質が、カルシウムイオンの刺激を受けて青色に発光します。先に見たように青色光のエネルギーは緑色光のエネルギーより高いです。この青色の光(波長四六〇ナノメートル、高エネルギー)をGFPが吸収し、代わりに緑色の光(波長五〇八ナノメートル、低エネルギー)を発光させているのです。

この波長変化の過程は、水銀灯の紫外線(高エネルギー)を吸収した蛍光剤が、可視光線(低エネルギー)を発光する蛍光灯のしくみを思い出していただければ分かりやすいのではないでしょうか?

ＧＦＰは生体のタンパク質に融合することができ、その状態でも発光します。したがって、生体内の標的タンパク質に結合させれば、細胞、さらには生体を破壊することなく、そのタンパク質が現在どこにあるかを知ることができます。このような機能によってＧＦＰは多くのバイオ、医学の研究に役立っているのです。

コラム③　ホタルの利用法

ルミノール試験は簡単な操作にもかかわらず、反応は迅速で鋭敏で確かです。発光現象を用いた反応は、結果が光によって示されるので検出が容易で、大掛かりな器具も必要としません。そのため最近では、発光現象を用いたさまざまな検出反応の開発が進められています。その中で、ホタルの発光現象を用いた例を紹介しましょう。

この原理は前項で見た、ホタルの発光のために必要な四種の物質、①ルシフェリン、②ルシフェラーゼ、③酸素、④ＡＴＰが存在するかどうかを確かめるものです。

（a）真空度の検証――酸素の有無

真空容器の中に、①ルシフェリン、②ルシフェラーゼ、④ＡＴＰを入れておきます。発光するためには、③酸素が足りません。

もし、真空容器にひびが入り、空気が入ったとしましょう。空気には酸素が含まれます。したがって、発光に必要なものがすべて揃ったことになり、発光が起こって、ひびが入ったことを知らせてくれます。

（b）細菌汚染の検証——ATPの有無

調理場に細菌がいるかどうかを検査するものです。①ルシフェリン、②ルシフェラーゼの混合液を噴霧します。空気中に③酸素は存在するので、発光のために足りないものは④ATPだけです。

細菌がいたとしましょう。細菌といえども生物ですから、生物界の共通通貨ATPを持っています。したがって細菌がいれば、そのエネルギーを横取りして発光し、細菌がいることを知らせてくれます。

（c）亀裂の検証——ルシフェリンの有無

スペースシャトルの燃料タンクにひびが入っていたら、打ち上げ時にそこから燃料が漏れ、爆発事故に繋がります。ひびの有無は見逃せません。タンクに①ルシフェリン、④AT

Pの混合液を噴霧します。その後、全面を拭いて溶液を完全に除去します。しかし、ひびがあったらそこに入った溶液は除かれずに残ってしまいます。

ここにルシフェラーゼ溶液を噴霧します。残っていたルシフェリンはルシフェラーゼと反応して光ります。すなわち、光ったところにはひびなどの傷がある可能性が高いのです。そこを重点的に精密検査することになります。

ここまでは光と物質、あるいは生物のかかわりを物理的な観点から見てきました。しかし、物質は分子からできています。光と物質のかかわり、さらにそこから発生する色彩をより詳しく解明するためには、光と分子の相互作用を見ておく必要が出てきます。次章ではそのような方面を見ることにしましょう。

第４章　色彩の化学

私たちは色彩に囲まれて生活しています。花も、小鳥も、衣服も、印刷物も、すべては色彩であふれています。まさに、色彩の洪水の中にいるといっても過言ではありません。

光はその波長に応じて、私たちの感覚器官に色彩を感じさせてくれます。その意味で光は色彩の素です。しかし、花は光を発しているのでしょうか？ 印刷物は光を出しているのでしょうか？ 真っ暗闇で週刊誌を読める人はいないでしょう。光のない公園では、赤いバラも赤くは見えません。そもそも、そこにバラがあるかどうかさえも分かりません。しかし、ネオンサインは夜の街でも赤く輝いています。

バラの赤とネオンの赤は違う色なのでしょうか？ 色には種類があるのでしょうか？

4-1 光と色彩

バラとネオンの違いは、発光するかどうかです。ネオンは暗闇でも赤く輝きます。それはネオンが発光しているからです。そして発光した光が私たちの感覚器官に作用して、赤いと知覚させるのです。それに対して、バラは暗闇では見えません。それは、バラが発光していないからです。では、発光していないバラが、なぜ発光しているネオンと同じように赤く見えるのでしょうか？

バラとネオン

バラは光のない暗闇では見えませんが、光のある明るいところでは赤く見えます。これはバラが赤く見えるためには光が必要なことを示しています。

(a) 発光と反射

第2章で見たように、視細胞の中枢部分をなすレチナールは光によって構造変化を起こし、「光が来た」という信号を脳に送ります。したがって光がなければ、レチナールは構造変化を起こすことができず、当然ながら〝視細胞〟、すなわち〝目〟は行動できません。つまり、何も見えないのです。

してみれば、ネオンサインのように発光する物質が目に見えるのは当然のことになります。しかし、バラのように発光しない物質が目に見えるということは、どういうことでしょうか？　これは、発光しない物質からも何らかの光が目に〝送られている〟ということを意味するのではないでしょうか？

発光しないバラが、目に〝光を送る〟とはどういうことでしょうか？

それは反射です。バラは自分では発光しませんが、ほかから来た光を反射して目に送り届けて

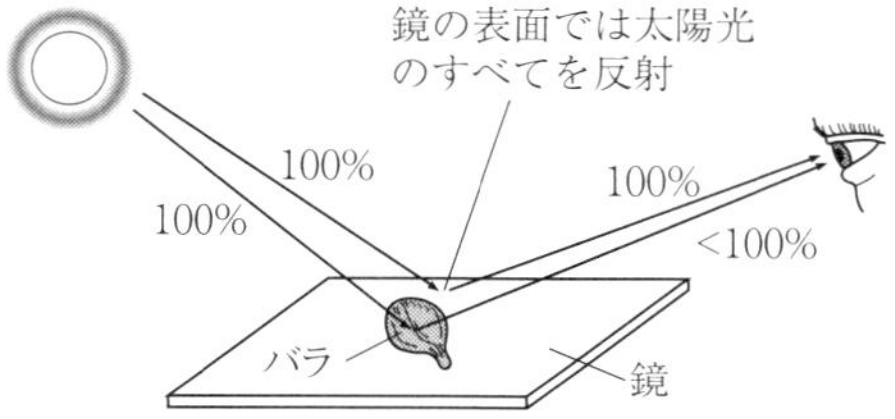

図4-1　光の反射　鏡はすべての光を反射するが、バラは一部の光しか反射しない。

いるのです。ですから、光がないときには見えないバラも、光があると見えるようになるのです。鏡で太陽光を反射すると、太陽と同じように眩しくて、見るのが大変です。しかし、鏡の上にバラの花びらを一片置いたら、そこだけは赤く見えます（図4-1）。これはどういうことでしょうか？

(b) 反射と色彩

鏡は太陽光すべてを反射します。ですから太陽と同じように眩しく見えます。

鏡に置いたバラの花も、太陽光を反射しています。しかし、太陽光のすべてを反射する鏡の部分が眩しいのに、花びらは眩しくありません。これは、花びらは太陽光のすべてを反射しているのではないからです。

バラは、太陽光すべてを反射して目に送り届けているわけではなく、太陽光の一部を吸収しているのです。その〝一部を除かれた光〟が私たちの目に届き、その光を私たちは赤いと感じているのです。

それではバラが私たちの目に送り届ける光とはどのような光なのでしょうか？　もしかして、バラは赤以外の色彩の光をすべて吸収し、赤い光だけを反射しているのでしょうか？

(c) 光吸収と色彩

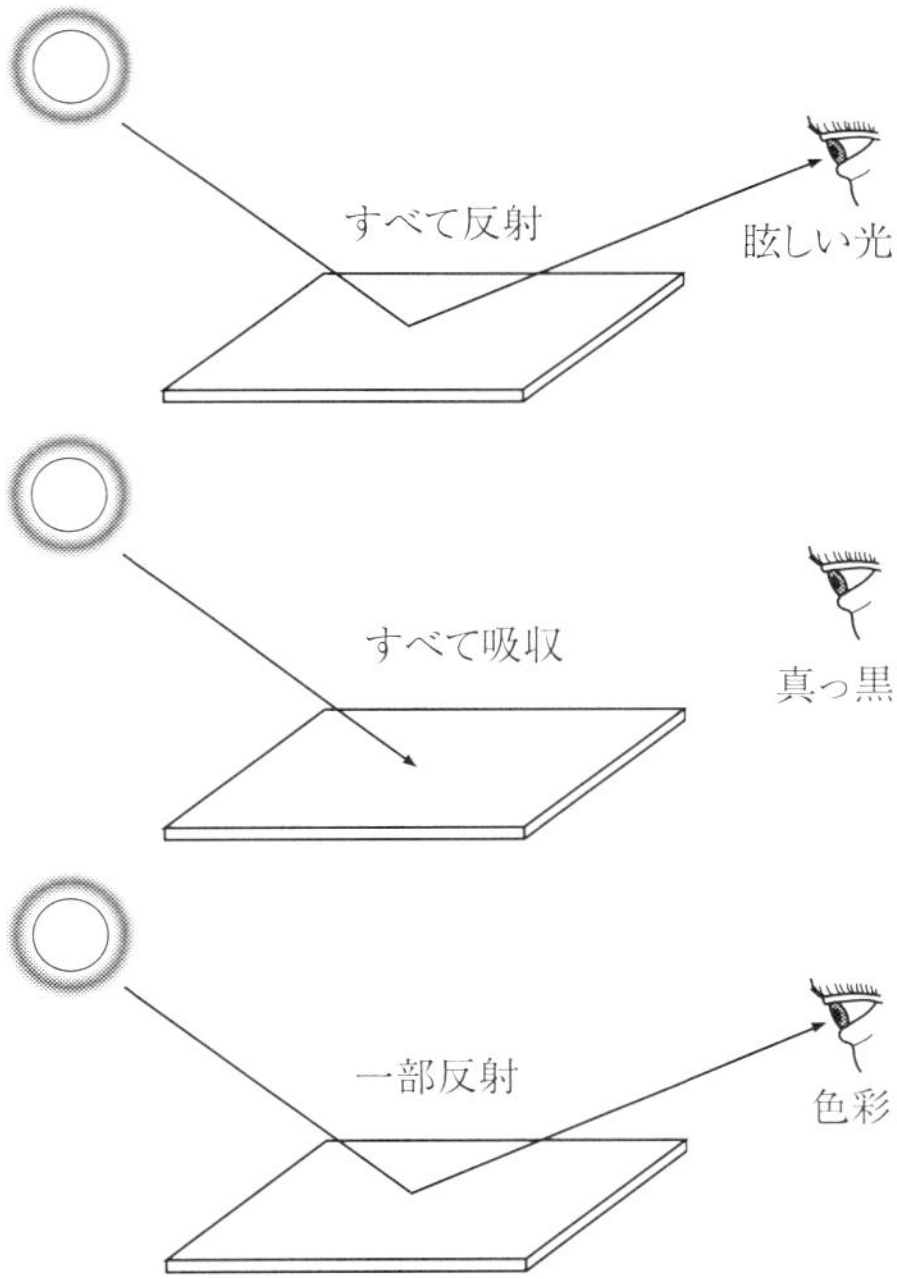

図4-2　光の反射と色彩　すべて反射すれば鏡。すべて吸収すれば真っ黒。一部だけ反射する場合に色彩が現れる。

物質に光が当たると、物質は光の一部を吸収します。そして残りの光を反射します。どのような光（波長の光）を吸収するかは、物質によって異なります。ですから、反射された光の組成も物質によって異なります（図4－2）。ニュートンの混色の実験から分かるように、組成の異なる光が

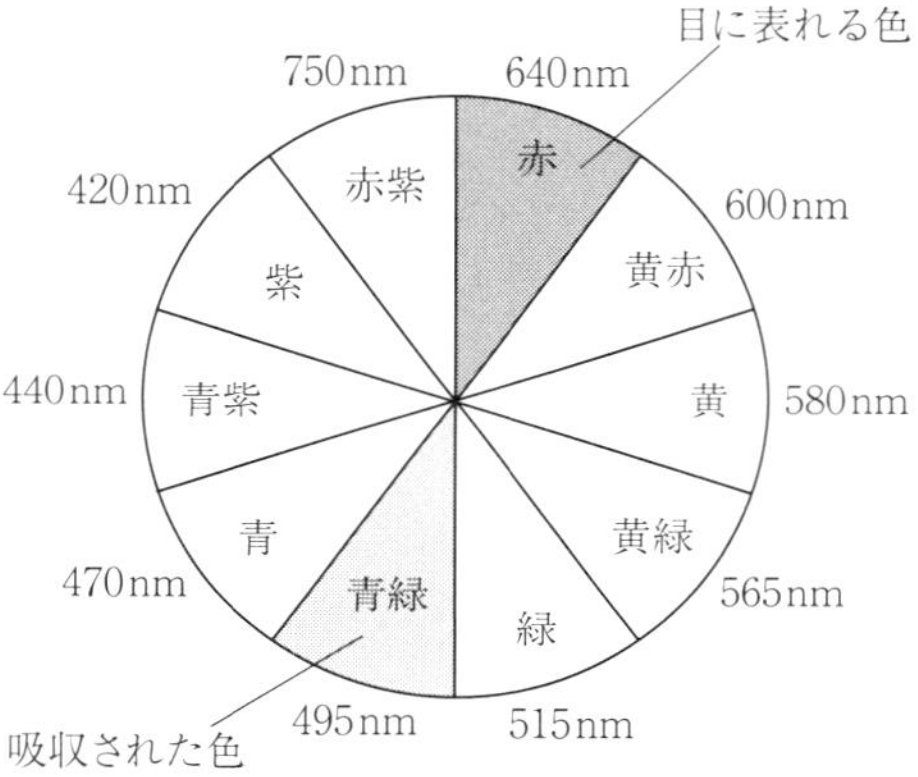

図4-3　現代の色相環　中心を挟んで反対側の色彩を互いの補色という。

異なる色彩に感じられるのは当然のことです。

これが物質の色彩の原因です。物質の色彩とは、入射光から特定の光を除いた反射光の作る色彩なのです。もし、物質が入射光のすべてを吸収したとしたら、その物質は反射して私たちの目に届ける光がないのですから、色彩も光もない物質になります。炭に代表される真っ黒な物質、日本的な表現でいえば〝漆黒〟の物質がこれになります。反対にすべての光を反射したら、鏡と同じになります。

一方、多くの物質は特定の波長の光を吸収します。ニュートンの色円を思い出してみましょう。図4－3に現代の色円、色相環を載せました。周りに書いてある数字は光の波長です。すなわち、六四〇ナノメートル近辺の光は赤く見え、四九五ナノメートル近辺の光は青緑に見えるというわけです。そして色円に示してあるすべての色の光、すなわち、四〇〇〜八〇〇ナノメートルの光をすべて混ぜ合わせたら、白色光、すなわち色のない光になります。

色相環において、ある色彩Aに対して中心を挟んで反対側にある色彩Bを、Aの補色といいました。ですから、AはまたBの補色ということになります。先ほど見た赤と青緑がちょうどこの関係になります。

それでは、白色光から特定の光Aを除いたら、残りの光は何色に見えるのでしょうか？　それが補色Bなのです。すなわち、物体が赤い光を吸収したら、残りの光、すなわちその物体の色彩は、赤の補色である青緑に見えるのです。ということは、赤いバラの花は青緑の光を吸収していたということになります。

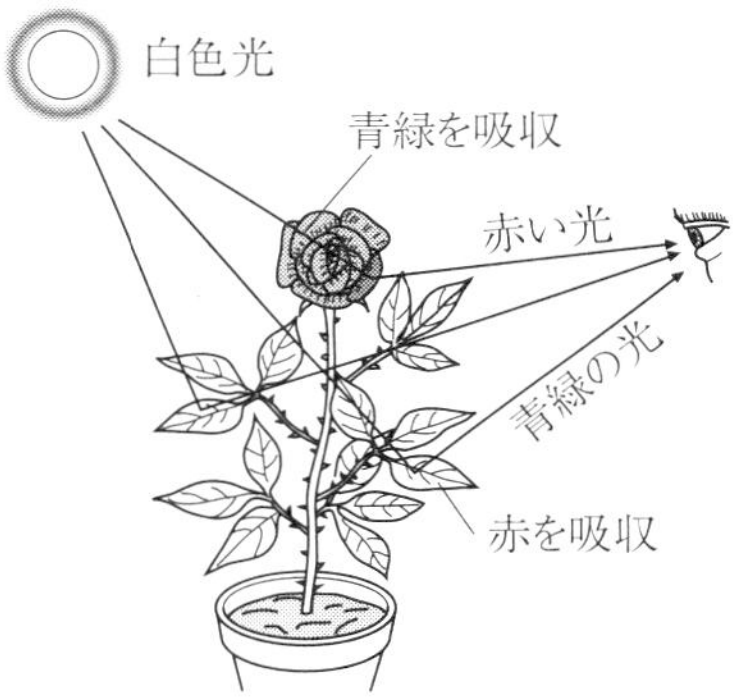

図4-4　バラの吸収光と色彩　赤い花は青緑の光を吸収し、青緑の葉は赤い光を吸収している。

赤いネオンは赤い光を発光し、赤いバラは青緑の光を吸収していた。これが事実なのです。つまり、色彩には発光によるもの（ネオン）と、吸収によるもの（バラ）の二種類があるのです（図４－４）。

分子構造と色

前項で見たように、物質の色彩は物質が吸収する光によって決定されることを示しています。それでは物質はどのような光を吸収するのでしょうか？

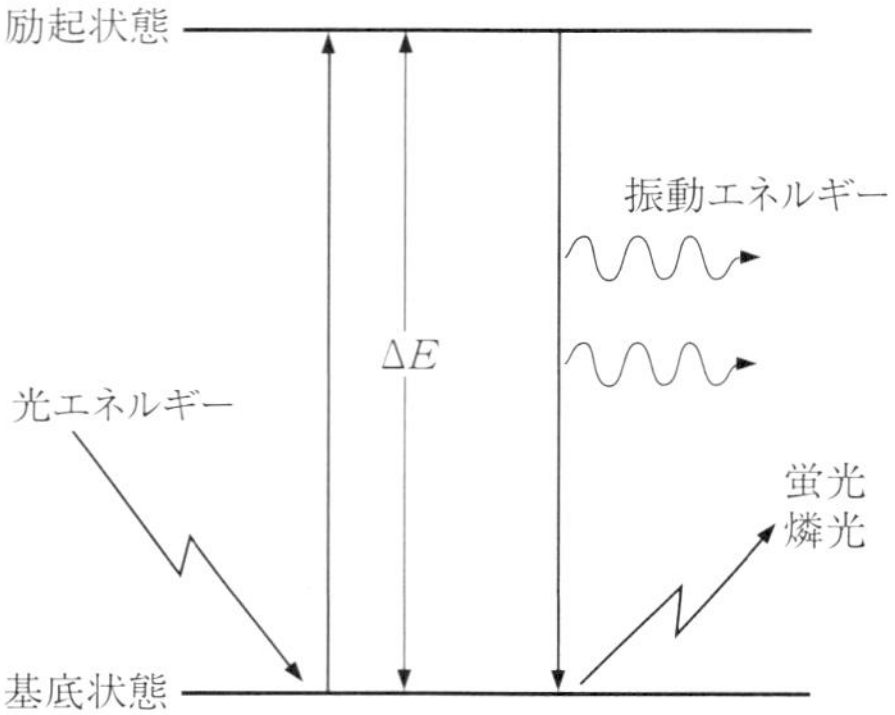

図4-5　放出エネルギーの種類　励起状態が基底状態に戻るときに放出するエネルギーは多くの場合、熱エネルギーとなる。

ネオンNeのように一個の原子で存在するもの（一原子分子ということもありますが）を例外とすれば、すべての物質は分子からできています。したがって、物質の問題は、分子の問題に還元することができます。では、分子はどのような光を吸収するのでしょうか？

(a) 分子の光吸収

分子の光吸収は、3－2節の応用と考えることができます。図3－7で見たように、普通の状態の原子は低エネルギーの基底状態にいます。ここに、電気エネルギーや光エネルギー、あるいは化学エネルギーなどが供給されると、原子はそのエネルギーの一部を吸収して励起状態に移動します。

図3－7で、原子を分子に、吸収するエネルギーを光エネルギーに置き換えればよいのです。そのようにしたのが図4－5ですが、実態は図3－7とほとんど変わりありません。すなわち、

分子は励起状態になるときに光を吸収します。そして、前項で見たように、その光吸収の結果、分子に色彩が現れたのです。

それでは励起状態になった分子はどうなるのでしょうか？　水銀灯やナトリウムランプのように発光するのでしょうか？　発光することもあります。蛍光灯の蛍光剤がそうでした。水銀の出す紫外線（電磁波ですから光の一種と考えてもいいでしょう）のエネルギーを吸収して励起状態になり、そこから落ちるときに発光しました。一般に蛍光とか燐光とかいわれる光は、このように分子が発光する光です。

しかし、バラが発光しないことはすでに見たとおりです。このように、多くの物質は発光しません。普通の物質においては、励起状態に達した分子は、余分なエネルギーを振動などの運動エネルギーとして放出して、基底状態に戻っているのです。この場合には、せっかくの余分なエネルギーΔEは熱エネルギーとして使われてしまい、光として発光されることはありません。

（b）光を吸収する分子としない分子

分子が光を吸収するかどうかは、基底状態と励起状態のエネルギー差ΔEの大きさに依存しています。この事情は前章で見た図３－８と同じです。基底状態と励起状態のエネルギー差ΔEが問題になります（図４－６）。

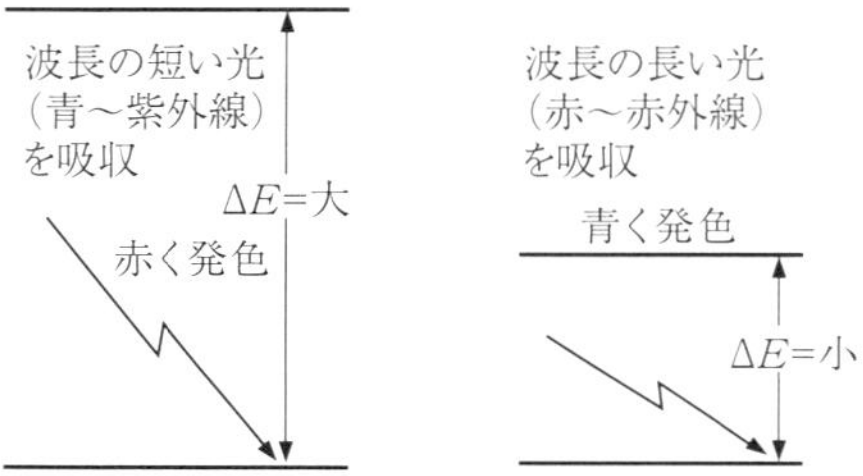

図4-6　吸収光と色彩　短波長の光を吸収すれば赤く発色し、長波長の光を吸収すれば青く発色する。

ΔEが可視光のエネルギー、すなわち色相環の光のエネルギーに一致すれば、色相環の一部を吸収することになります。その結果、分子には吸収光の補色が色彩として現れることになります。すなわち、ΔEが大きければ波長の短い光（青）を吸収するので補色は赤となります。反対に、ΔEが小さければ波長の長い光（赤）を吸収し、補色は反対に波長の短い光の色彩、すなわち青となるのです。

しかし、色相環にない光（電磁波）、すなわち、四〇〇ナノメートルより短い紫外線や、八〇〇ナノメートルより長い赤外線を吸収しても、色相環に影響はありません。したがって色彩も現れないことになります。

有機化合物で考えると、二重結合を持っている分子がちょうど可視光のエネルギーを吸収することになります。分子がどのような光を吸収するかは、紫外可視吸収スペクトル（UVスペクトル）を測定すると簡単に分かります。

図4－7は二重結合がいくつか連続した化合物のUVスペクトルです。二重結合の個数が増えるにつれて長波長部の光を吸収するようになることがよく分かります。しかし二重結合が七個の

アントラセンでは、吸収する光の最長波長部がまだ四〇〇ナノメートルに達していませんから、色相環の光は吸収できません。ですから色彩は持っていません。実際、アントラセンはほとんど無色（白色）の化合物です。しかし、二重結合が九個のテトラセンになると四八〇ナノメートル程度の光（緑色）を吸収しています。これは、この分子が赤く見えることとよく一致しています。

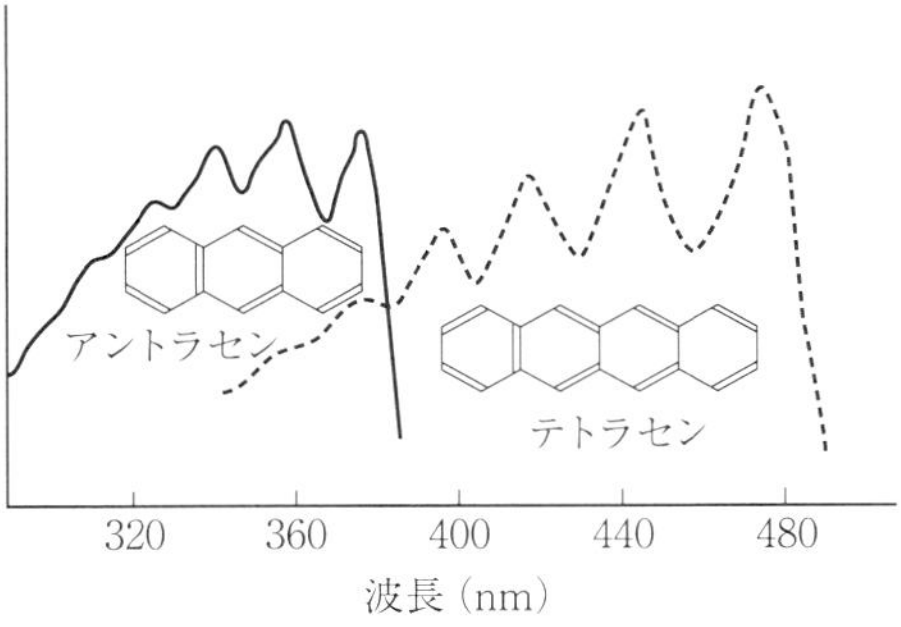

図4-7　二重結合の個数と色彩　二重結合が少ないと発色せず、多いと青く発色する。

図２－５で、カロテンが酸化分解されてビタミンＡになることを見ました。この変化では二重結合の個数が変化しています。すなわちカロテンでは二重結合が一一個連続していますが、ビタミンＡでは五個に減っています。これに伴って吸収波長も四五〇ナノメートルから三二五ナノメートルに減少しています。これは、カロテンは赤いですが、ビタミンＡはほぼ無色であるということと一致しています。

しかし、分子構造と色彩の関係はそれほど単純でもありません。二重結合の個数だけでは解決できない問題がたくさんあります。ナフタレンとアズレンは、分子式はともに

$C_{10}H_8$であり、二個の環構造が縮合しており、二重結合の個数もともに五個です。しかし、ナフタレンは無色（白）なのに、アズレンは濃い青です（図4－8）。この問題は難しい問題をはらんでいますので、ここで説明するのは困難ですが、問題として提起しておきましょう。興味のある方は巻末に示した参考図書で調べてみてください。

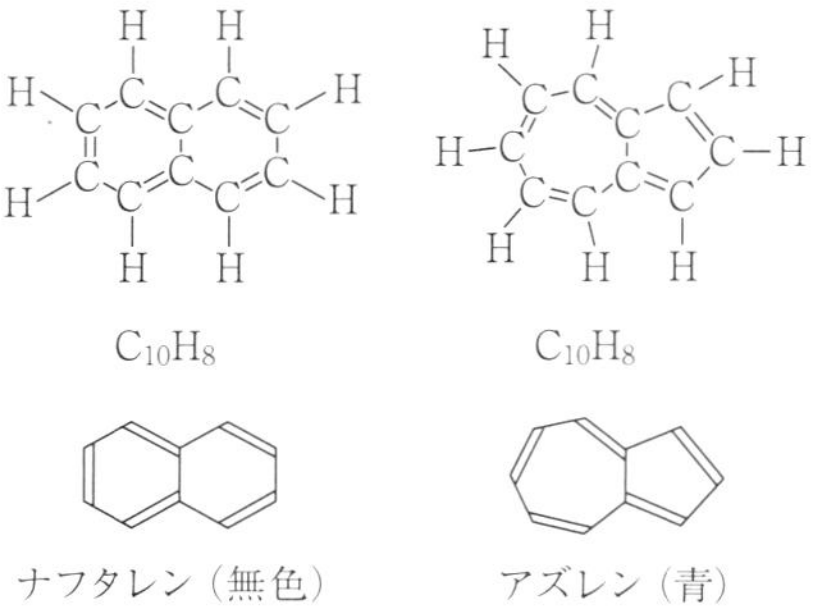

図4-8　**ナフタレンとアズレン**　二重結合の数だけでは決まらない発色の特殊な例。

ウェディングドレスの色が変わる

物質には、条件によって可逆的に色彩が変わるものがあります。すなわち無色の物質にある条件を与えると美しい色彩が現れ、条件を取り去るとまた元の無色に戻るという現象です。そしてこの現象を何回でも繰り返すことができるのです。

このような現象を一般にクロミズムといいます。条件にはいろいろありますが、温度によって変わるものをサーモクロミズム、光によるものをフォトクロミズム、溶媒によるものをソルバトクロミズムなどと呼びます。

（a）クロミズム

乾燥剤のシリカゲルの中に色のついた粒が混じっていることがあります。これは乾燥の程度を表すバロメータになっています。すなわち、シリカゲルが乾燥していれば青ですが、湿ってくるとピンクに変わり、乾燥剤の効力の有無を教えてくれます。これはコバルトという金属イオンの働きによるものですが、水分（溶媒と考えられます）の有無によって可逆的に色を変えるものです。このように溶媒によって色を変える現象をソルバトクロミズムといいます。

一方、光によって色彩が変化する現象をフォトクロミズムといいます。フォトクロミズムを起こす染料で染めたウェディングドレスが考えられています。普通の照明の下では純白のドレスですが、特別なスポットライトを浴びると真っ赤に変色するというものです。華やかな結婚式らしい演出ではないでしょうか？

フォトクロミズムはどのようにして起こるのでしょうか？

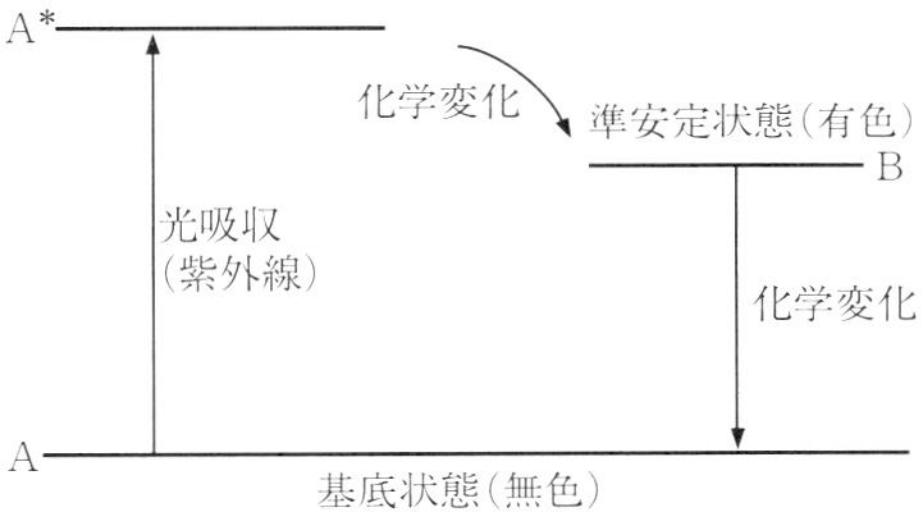

図4-9　フォトクロミズムのしくみ　光吸収によって発生した準安定状態が発色する。

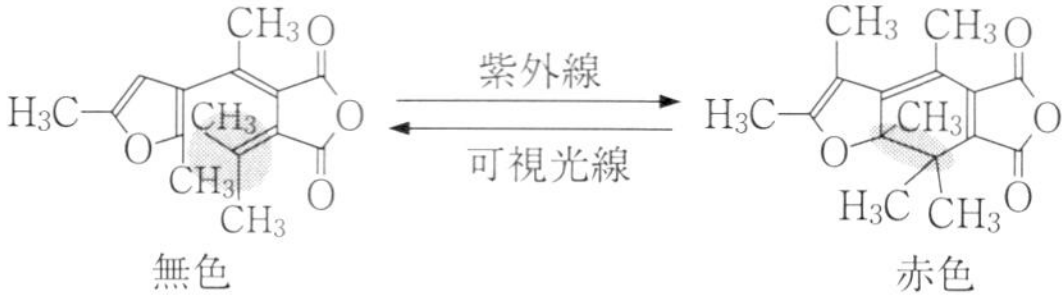

図4-10　フォトクロミズムを起こす分子の例　影をつけた部分の構造が変化している。

フォトクロミズムを起こす分子のエネルギー関係は図4－9に示したとおりです。Aが純白のウェディングドレスを染める無色の分子です。Aは色相環に関係しない光である紫外線を吸収して励起状態A^*になります。A^*は化学変化を起こして別の分子Bになります。このBが真っ赤な色彩を持っているのです。ですから、Bが存在する限り、このドレスは真っ赤に染まっています。

しかし、Bは不安定で、数秒も経たずに元のAに戻ってしまいます。すなわち、純白のドレスに戻ります。でも、安心してください。紫外線が照射されていればAは再び真っ赤なBになります。すなわち、紫外線が照射され続けている限り、ドレスは真っ赤に染まっているのです。

クロミズム現象を起こす分子は複雑な構造を持っていることが多いのですが、比較的簡単な構造のものもあります。そのような例を示しておきます（図4－10）。絵でも眺める感覚で見てください。影をつけた部分が変化しています。

４－２　染色の化学

色を最大の特色とする一連の化合物に、絵の具や染料があります。絵の具も染料も、紙や布に色彩を付着するものです。しかし、絵の具と染料は違います。

染料の命は、洗っても落ちないことです。布に色を着けるだけなら水彩絵の具でもできます。しかし、水彩絵の具で絵を描いたハンカチは、洗濯すれば元のハンカチに戻ってしまいます。色が落ちてしまうのです。これでは染めたことになりません。すなわち、水彩絵の具は染料ではないことになります。

藍染めの妙技

染色とはどういうことでしょうか？　染色とは、「洗濯した程度では落ちない程度の堅牢さをもって色素を繊維に付着させること」と考えることができます。これを色素の側から考えると、色素が染料になるためには、ただ単に色彩を持っているだけではダメで、繊維にシッカリと固着しなければならないことになります。

それでは、色素が繊維に固着するためにはどうすればよいのでしょうか？　そこはアイデア次第です。もっとも確実なのは繊維の分子に化学結合することでしょう。繊維分子に絡みつくのもいいでしょう。繊維分子に吸着するのもいいかもしれません。

染色は永い歴史を持った化学技術です。何千年、もしかしたら何万年も前の、まだ化学知識のない時代から経験と勘を頼りに行われてきた技術です。そこにはすぐれた知恵と技術が詰まっています。

(a) 藍染めの戦略

伝統的な染色法に藍染《あいぞ》めがあります。植物の藍からとった染料、インジゴで青く染める技術です。藍染めでは、繊維に染み付いた色素、インジゴは不溶性で水に溶けません。そのため、染めた布を何回洗濯しても染料は水に溶け出すことなく、繊維に固着し続けているのです。染料の不溶性、それが、藍染めの堅牢さの秘密です。

しかしこれは矛盾ではないでしょうか？　藍の染料を繊維に染み込ませるためには、染料は水に溶けなければなりません。染み付くときには水溶性で、染み付いた後には不溶性になる、そんな都合のよい色素があるものでしょうか？

それがあるのです。それが藍染めの染料なのです。しかしここには酸化・還元という化学反応が関与しています。

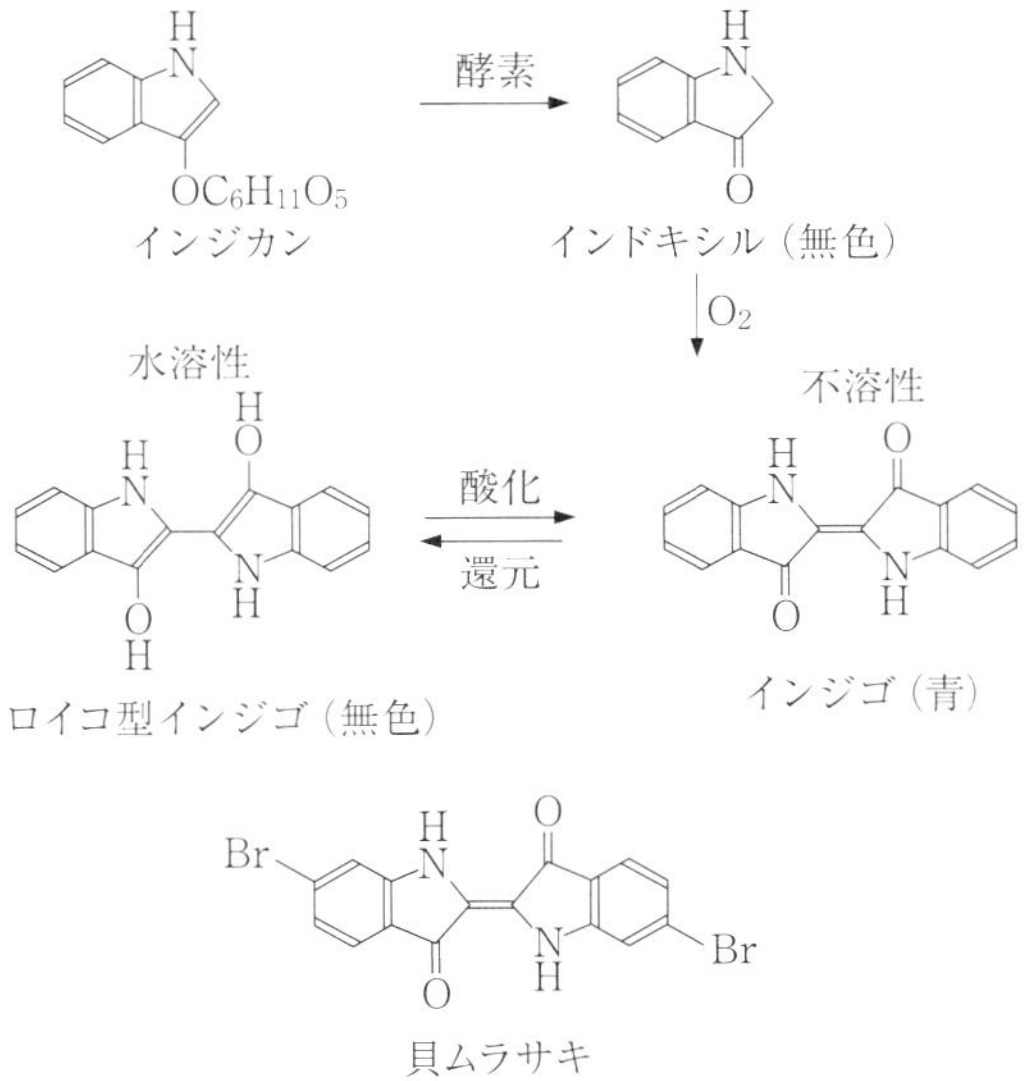

図4-11　藍染のしくみ　水溶性で無色のロイコ型インジゴが空気酸化されて不溶性で青いインジゴに変化する。

（b）藍染めの技法

藍の葉からとった染料の原料はインジカンと呼ばれるもので、構造式は図4－11に示したものです。ここで$C_6H_{11}O_5$と書いたのはブドウ糖などと同様の糖を表します。天然物にはよく、このように糖と結合した状態の分子があり、一般に配糖体と呼ばれます。これを発酵すると、細菌がインジカンを分解して糖を外し、インドキシルにします。これは酸化されやすく、空気中の酸素と反応して藍染めの染料である青いインジゴになります。

これでメデタシメデタシで、この

インジゴを用いて布を染めればよさそうですが、実はそううまくは行きません。このインジゴは不溶性なのです。すなわち、固体で水に溶けないのです。これでは染めようがありません。そこで登場するのがまたしても発酵です。インジゴを発酵させると、発酵菌が水素を発生し、それによってインジゴが還元されて（水素と反応して）ロイコ型インジゴ（インジゴ白ともいいます）になるのです。

ロイコ型インジゴは無色で色がありません。しかし水溶性で水によく溶けます。そこで、このロイコ型で繊維を染めるのです。もちろん染めた状態では無色です。しかしこれを空気にさらすと、空気中の酸素で酸化されて青いインジゴになるというしくみです。

藍染めは二回の発酵と、酸化・還元を組み合わせた複雑な技法です。現代の化学知識で説明すれば一行の反応式と数行の説明で済むことですが、これを経験と勘だけで行おうとしたら、その苦労は大変なものであっただろうと思われます。

インジゴとよく似た染料に紫の染料、貝ムラサキがあります。分子構造はインジゴに二個の臭《しゅう》素《そ》Brが置換しただけのものです。貝ムラサキはある種の二枚貝の紫腺から分泌されるもので、非常に希少で貴重なものです。そのため、古代ローマ帝国では皇帝だけが身につけることを許されたという話です。

金属の利用

藍染めでは、染料を酸化・還元することによって水溶性、不溶性の性質を変化させました。このような、水溶性、不溶性を操作するのに、金属を用いる方法があります。

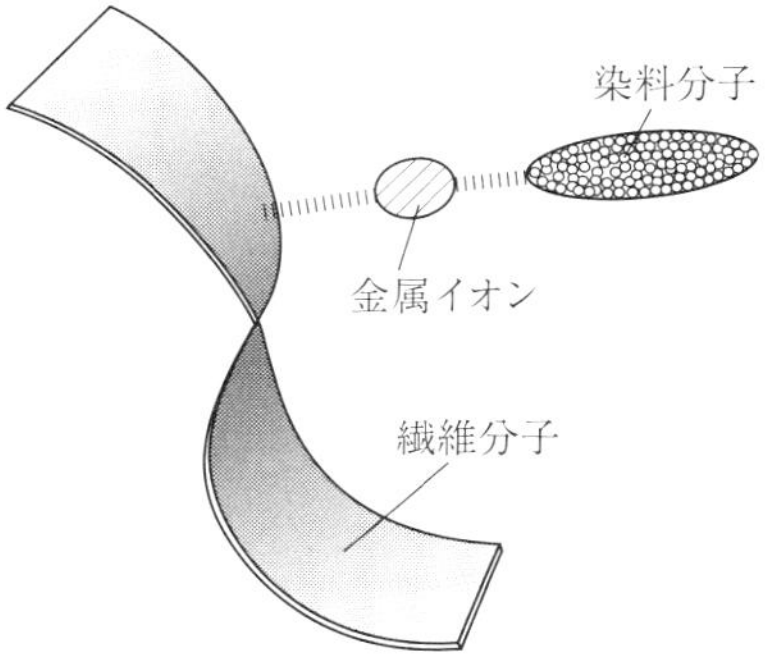

図4-12　媒染法のしくみ　植物性染料を鉄イオン（泥染め）やアルミニウムイオン（ミョウバン）によって定着する。

最近、いろいろな植物の花や葉や茎を用いた草木染めがブームのようです。これらの染色では植物を水で煮て、染料になる色素を抽出し、色素の水溶液を作ります。そこに布を入れて染色します。しかし、この染料は水溶性ですから、洗濯したら色素は溶け出して色が落ちてしまいます。

そこで登場するのがミョウバンです。色素で染色した布をミョウバン水に浸すのです。これで染料は洗濯でも落ちなくなります。ミョウバン水はどのような役に立っているのでしょうか？

ミョウバンにはいろいろな種類がありますが、よく用いられるのは $AlK(SO_4)_2 \cdot 12H_2O$ であり、ここにはアルミニウムイオン Al^{3+} が多く含まれています。このイオンが繊維と染料の仲立ちをして、染料を繊維に繋ぎとめているのです（図4－12）。

このように金属イオンを用いた染色法を一般に媒染法といいます。

（b）泥染め

伝統的な染め物に〝泥染め〟があります。有名なのは鹿児島県奄美大島で行われる〝大島紬《おおしまつむぎ》〟の泥染めです（口絵　図4－13）。

東京都八丈島で作られる〝黄八丈《きはちじょう》（竹久夢二の作品にあります）〟にも同じ技法が使われています。これらの染色法は伝統的な媒染法であり、鉄イオンを利用して、色素を不溶性のものにしています。

大島紬の場合には染料として、現地でテーチ木と呼ばれる車輪梅《しゃりんばい》の枝を用います。この枝を熱湯で煮ると、タンニンを主体とした水溶性の染料が抽出されます。ここに紬糸を入れて染色します。しかしこの段階の染料は水溶性ですから、洗えば落ちてしまいます。そこでこの糸を田んぼに持ってゆき、田んぼの泥の中に浸すのです。泥の中には鉄イオン Fe^{3+} が含まれています。そのため、染料の中のタンニンと泥の中の鉄イオンが反応して、黒色不溶性の色素となるのです。

一回の染色では望みの色彩は得られません。大島紬では、テーチ木の煮汁での染色を二〇回繰り返した後、田んぼでの泥染めを一回行い、この工程を都合四回繰り返すそうですから、全部で八四回の染色になるわけです。それがあの、黒とも茶ともいえない、〝大地の滋味〟を映した深く暗い色合いを出すのでしょう。

大島紬の魅力は、色ももちろんですが、肌になじむ風合いも魅力といいます。それは一〇〇回に近い染めの工程によって醸し出されたものでもあるのです。泥染めは、染色だけで成り立つものではありません。染色の大変なこともよく分かりますが、同時にそれに耐える素材の絹、それに耐える紬という製糸、それに耐える織り、という総合技術の素晴らしさに改めて感動する思いがします。

黄八丈ではテーチ木ではなく、スダジイという椎の木の樹皮を用いるそうです。大島紬とは一味違った、つやっぽい黒はその樹木に由来するのでしょう。なお黄八丈の黒い部分は泥染めですが、黄色の部分は泥染め以外の媒染法で染めてあります。染料は、コブナグサという八丈島特産のイネ科の植物から抽出したものであり、金属イオンは椿の枝を燃やした灰に含まれるものを利用しています。

染め物ではありませんが、秋田には秋田焼という、輝くような明るい肌色をした素焼きの陶器があります。主に、湯飲みや急須など、煎茶道具を作るのに用いられます。この器でお茶を飲むと、器がだんだん黒ずんできて、やがて輝くような真っ黒な色に変色します。これは器の陶土の中に鉄イオンが含まれ、それがお茶のタンニンと結合して黒色の色素になるせいです。

人々は昔から、精一杯の努力を尽くして、自分を、愛する人を、そして周りのすべての人と事物を美しく飾ろうと努力を尽くしてきたのです。そして、化学はそのために能力の限りを注いできたのです。人間と化学の優しい関係は、決して忘れてはならないものです。

4−3　魔法の漂白剤

美しく染色された衣料も使ううちに汚れが着き、さらに全体が黄ばんだり、くすんだりします。このようなときに行う再生術が洗濯であり、漂白です。これらの技術を色素の観点から見れば、洗濯は布に染み付いた色素を除去することであり、漂白は色素を分解することになります。これらの技術は、科学的に見たらどのような原理に立脚しているのでしょうか?

色素の分解――漂白

4−1節で見たように、有機分子は二重結合を持っているので、可視光を吸収します。しかし、二重結合が連続した部分が長ければ可視光を吸収して発色しますが、短ければ紫外線しか吸収できず、したがって私たちの目に色として見えることはありません。ということは、長い二重結合の連続を、適当なところで切断すれば色がなくなることを意味します。4－1節で見たように、一一個の二重結合が並んだカロテンは濃い赤色ですが、それを二分して二重結合を五個に減らしたビタミンAはほぼ無色だったことを思い出してください。このように、分子を分断することによって色を消そうとするのが漂白です。ですから、漂白は完全な化学反応といえます。

漂白には酸化漂白と還元漂白があります。酸化漂白は二重結合に酸素を作用させることによって、二重結合を単結合にするもので

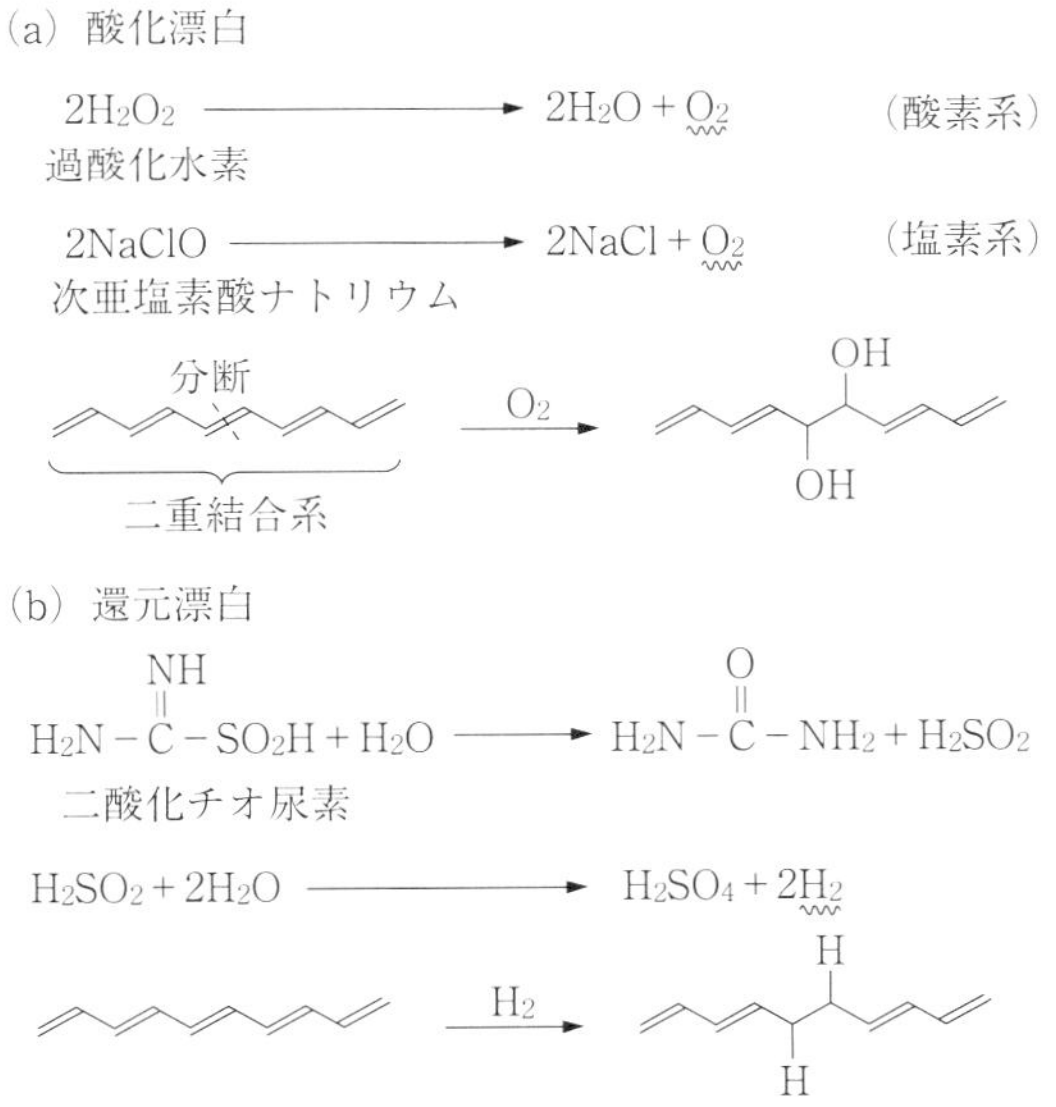

図4-14　漂白のしくみ　酸化漂白は酸素、還元漂白は水素と結合することによって汚れ分子の色を消す。

す。酸化漂白剤には過酸化水素 H_2O_2 などの酸素系と、次亜塩素酸ナトリウム NaClO などの塩素系があります。

一方、還元漂白は二重結合に水素を作用させる形式のもので、二酸化チオ尿素 $H_2NC(NH)SO_2H$ などが用いられます（図4－14）。

漂白剤は反応性の高い化学薬品であり、使用条件によっては有害物質を出す可能性があります。使用法をよく読んで、安全に注意することが大切です。

蛍光染料——輝く白

衣服を漂白しても純白にはならず、いくらかの黄色みを帯びていることがよくあります。このような衣服を真っ白に見せるために、以前は薄い青に染めたこともありました。しかしこれでは全体に沈んだ色調になり、輝くような白にはなりません。

そこで開発されたのが蛍光染料です。普通の染料は光を吸収しますが、蛍光染料は反対に発光します（図4－15）。光を出すのです。

一九二九年に、セイヨウトチノキの樹皮から得られたエスクリンという物質が青い光を発することが発見されました。そこでこの物質で生成《きな》りの黄色みを帯びた綿布を染めたところ、青い光（蛍光）と綿布の黄色みが補色の関係にあるので互いに相殺され、輝くように真っ白に見えたのです。これが蛍光染料の始まりといわれています。

その後、蛍光染料の研究が進み、現在では各種の蛍光染料が開発されています。蛍光染料は衣服だけでなく、紙にも混ぜられ、純白の白紙が作られています。また、インクにも混ぜられて蛍光インクとなり、マーカーなどに利用されているのはご存じのとおりです。

黄色 − 黄色　＝ 不完全白　（漂白）
黄色 ＋ 薄青　＝ 沈んだ色調（染色）

黄色 ＋ 青色蛍光 ＝ 輝く白　（蛍光染料）

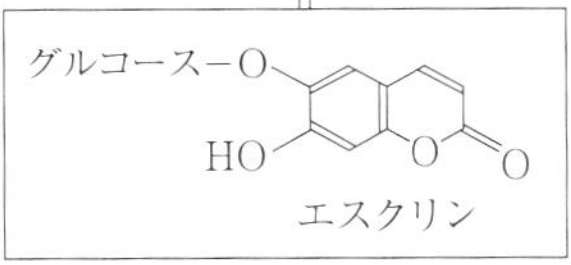

図4-15　蛍光染料のしくみ　蛍光染料の発光する青い光によって汚れがマスクされ、輝く白に見える。

第5章　構造色の科学

ここまでに見てきたところでは、色彩の原因は、分子が光を吸収するか、あるいは放出するかによるものでした。確かに、ほとんどすべての色彩はこの概念によって理解することができます。しかし、この概念によっては、まったく説明できない別種の色彩もあります。それが本章でお話ししようとする色彩であり、一般に構造色といわれるものです。似た言葉に干渉色というのがありますが、干渉色は構造色の一種と考えられます。

構造色は特殊な色彩のように書きましたが、私たちが経験する頻度からいったら、特殊どころではありません。毎日眺める色彩です。あまりに日常的なため、意識すらしないような色です。空の青、雲の白、サンマの銀色、コガネムシの黄金色、さらには欧米人の青い瞳、これらはすべて構造色なのです。構造色とはどんなものなのでしょう?

5−1　油の虹

雨上がりの水溜まりに、虹のような色を見たことはないでしょうか?　淀んだ川の水面に浮かぶ油から放たれる鈍い虹のような光。あれも構造色なのです。

構造色とは何か

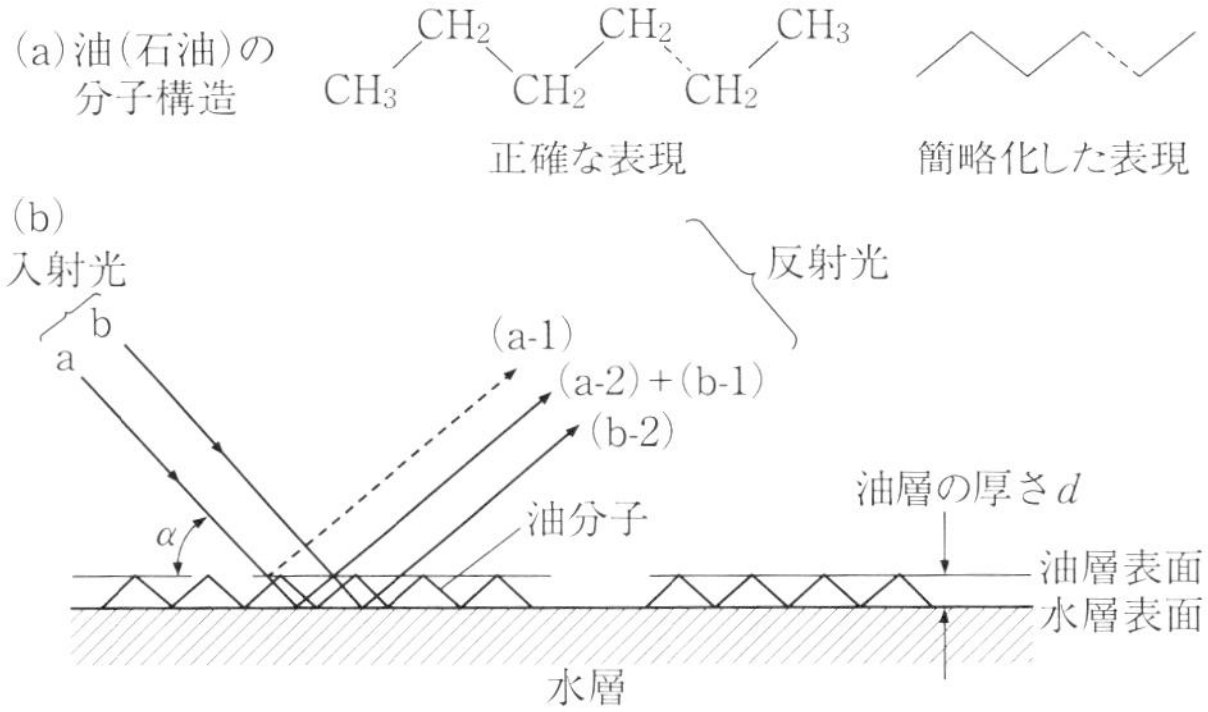

図5-1　油膜に現る虹のしくみ　いろいろな層で反射する光が干渉して虹となる。

ガラスビンに入ったサラダオイルはほとんど無色です。少なくとも虹色はしていません。ところがこの油を水面に一滴たらし、横から見ると虹色が現れます。この色彩はどのようにして発色しているのでしょうか？　ここまでに見てきた発色の原理で発色するものならば、ビンの中でも同じ色彩に見えているはずです。

ビンの中の油も、水面の油も分子構造に違いはありません。まったく同一の分子です。違いがあるとしたら、分子の集合状態だけです。ビンの中の油は多くの分子が寄せ集まった集合状態です。しかし、水面に浮かんだ油は違います。図5－1に示したように、油は水面にほぼ一分子ずつ横になって並び、分子の膜を作ります。

すなわち、水面の油の色彩は、油が〝薄い膜〟という、一種の〝構造体〟を作ったために発現した色彩なのです。このように、分子の集合状態の構造、あるいは一般に物質の形態、構造によって現れる色を〝構造色〟と呼びます。

構造色はなぜ現れる?

構造色はいろいろな原因によって現れます。ここでは光の反射に基づく構造色について考えてみましょう。

光は反射します。前項で見た油分子でできた膜に照射した光も、膜に反射した後、私たちの目に飛び込み、それが虹色の色彩として知覚されたのです。

ところで、光は膜のどこで反射するのでしょう? 図5-1に示したように、光aは少なくとも膜の表面a-1と、膜の底a-2、すなわち水面の二ヵ所で反射します。光bも同じように反射します。その結果、光a-2とb-1は合体することになります。このような光の合体を一般に干渉といいます。光が干渉したらどうなるでしょうか?

光の干渉には次の①、②を両極端として、いろいろなケースが起こりえます(図5-2)。

①増幅

一つは、a-2とb-1の光の波形の山と山、谷と谷が一致する例です。この場合には両方の波形が合わさって増幅され、振幅2A(山の高さ)の大きな波が現れます(図ⓐ)。この場合、光

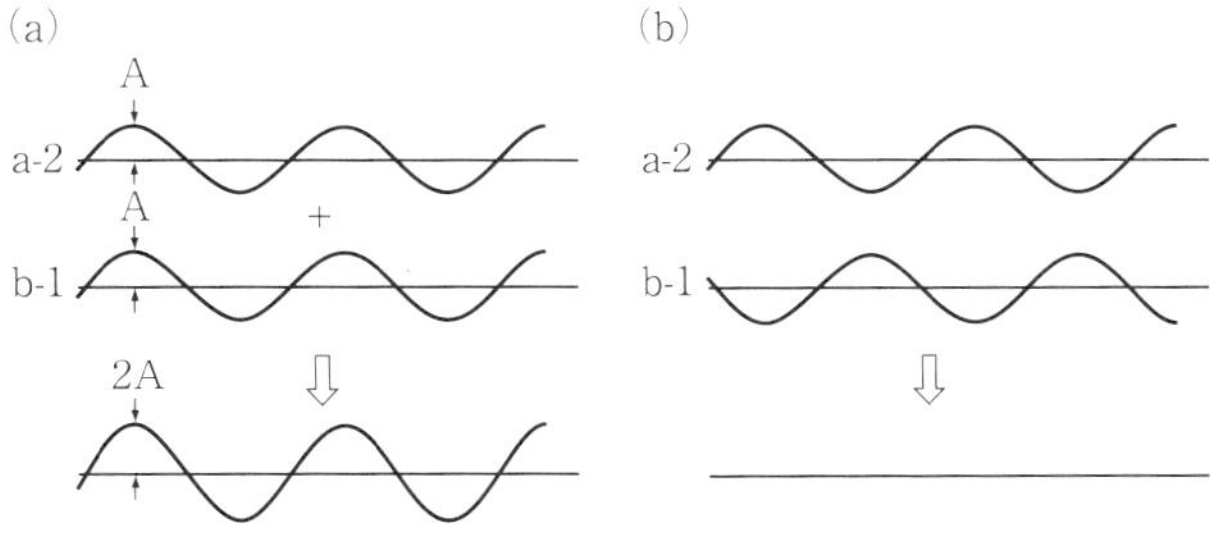

図5-2　光の増幅と相殺　両波は1波長ずれれば増幅し、半波長ずれると相殺する。

が増幅され、色彩が強くなります。

②相殺

もう一つはこれと反対のケースです。a－2の山とb－1の谷が一致してしまいます。この場合、波は消えてしまいます。すなわち、光は消滅し、色彩は消えてしまいます（図(b)）。

構造色に影響するもの

反射の結果、①となるか②となるかは、二つの要素によって決まります。一つは光a－2とb－1の光路長の違い、すなわち図5－3における$\Delta l = 2l_1$です。そしてもう一つは光の波長λです。すなわち、この光路の違いが波長の何倍か、すなわち$\Delta l = n\lambda$ならば、その光は増幅されます。しかし、波長の半分がずれると、すなわち$\Delta l = (n + 1/2)\lambda$ならば相殺されることになります。

波長は干渉の結果現れる光の色彩を決めます。構造色の色彩は光そのものの色彩です。光の吸収に基づく物質の色彩とは違

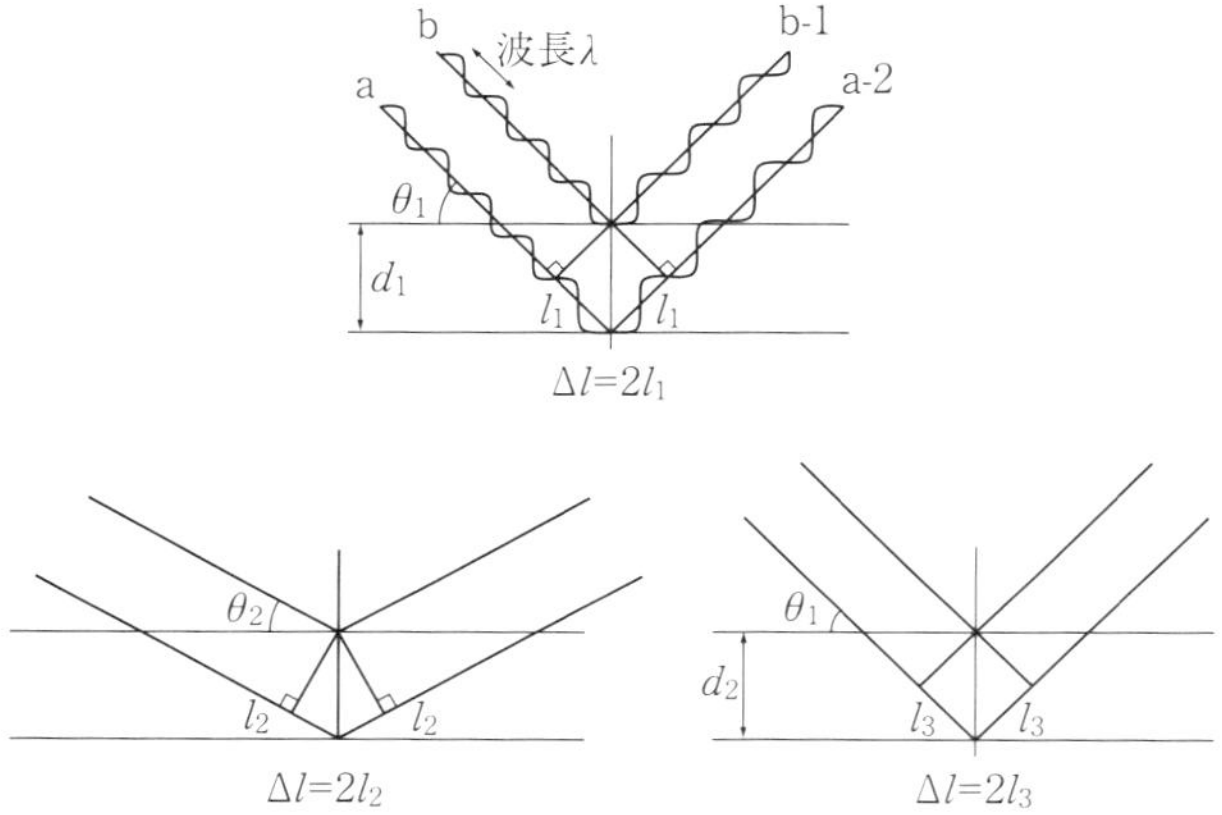

図5-3　反射光の干渉のしくみ　膜の厚さと入射角度の違いによって光路長の差が生じる。

います。すなわち、波長が長ければ赤い色、短ければ青い色となります。このように、光路長の違いは干渉することのできる光の波長と、さらにそれが増幅されるか相殺されるかを決定します。そして、光路長の違いを決めるのは、図に模式的に示したように、油分子の膜の厚さdと入射角度θということになります。

すなわち、水面の油の色は、油の層の厚さと、見る角度によって違ってくるのです。

5-2　シャボン玉の輝き

私たちの周りには構造色がたくさんあります。虹色に輝く色の多くは構造色と思ってよいでしょう。CDが虹色に輝くのは典型的な構造色ですし、包装に使われるラップが虹色に輝くのも構造色です。自然界にもたくさんあります。玉虫や蝶々の美しい輝きがそうですし、真珠やオパールも構造色であり、さらには銀色に輝く太刀魚や、サンマ、カツオも構造色です。自然界は構造色のオンパレードのようなものです。

シャボン玉はなぜ輝く？

幼いころに吹いたシャボン玉は誰にとっても懐かしい思い出でしょう。周りの景色を映して虹色に揺らめくシャボン玉は魔法の国の風船のようでした。シャボン玉の色はどのようにして発現するのでしょう。

(a) シャボン玉の構造

シャボン玉の構造は結構複雑なものです。シャボンはポルトガル語で石鹸の意味です。石鹸の分子は図５－４(a)のように、一分子の中に親水性の部分（親水基）と親油性の部分（疎水基）の両方を持った構造をしており、一般に界面活性剤、あるいは両親媒性分子といわれるものです。両親媒性というのは、水と油という両極端の溶媒に親しむという意味を表しています。

石鹸分子を水に溶かすと、親水基は水が好きですから、水中に入ろうとします。しかし疎水基は水が嫌いですから、水中に入ろうとはしません。この結果、石鹸分子は水面（界面）に逆立ち

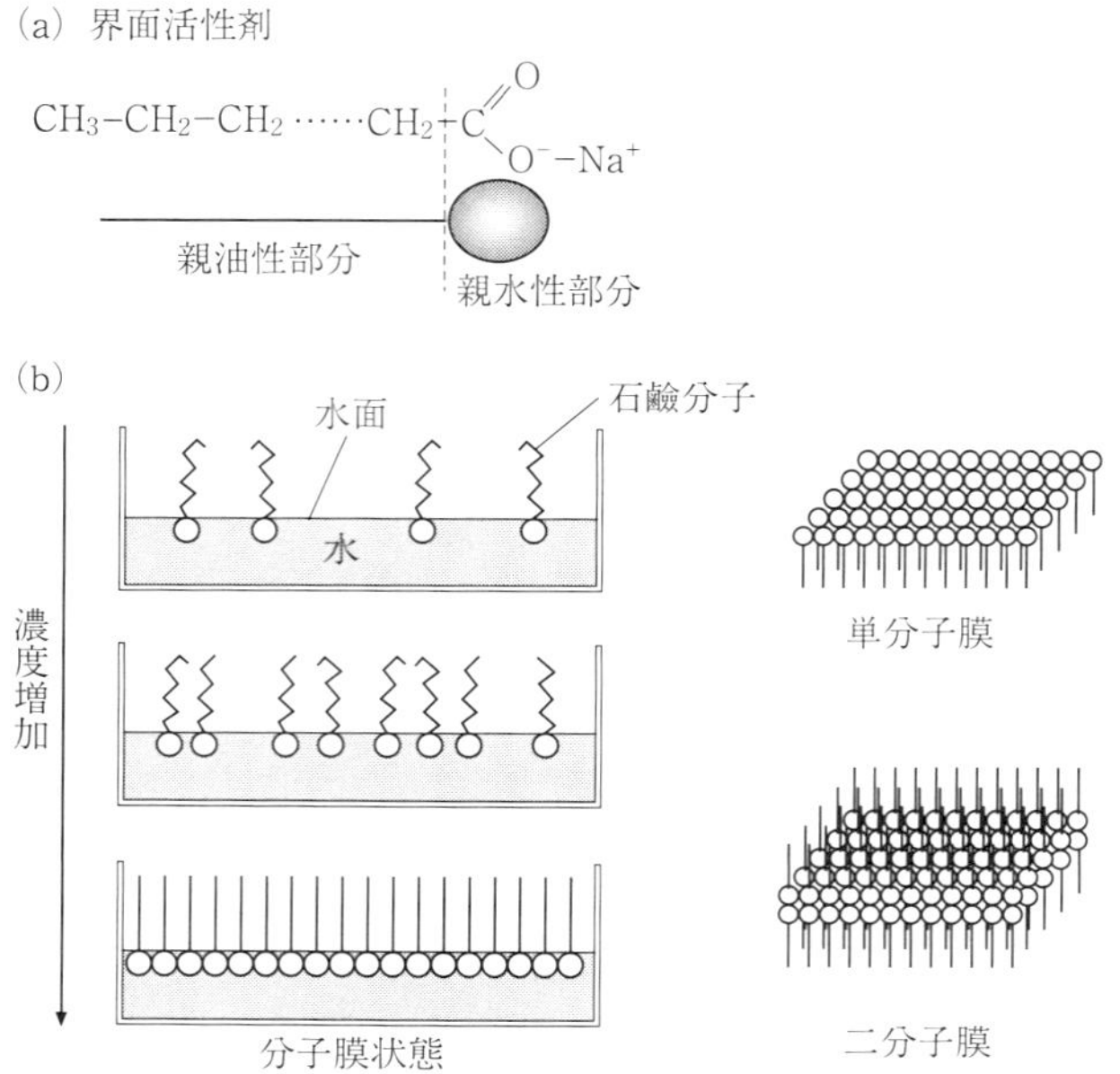

図5-4　石鹸分子の構造と分子膜生成のしくみ　分子密度が高くなると分子膜になる。単分子膜が重なると二分子膜になる。(『分子膜ってなんだろう』裳華房より)

をしたような形で浮かびます。

石鹸の濃度を高くしたらどうなるでしょうか？　石鹸分子の個数は増え、やがて水面は立錐の余地もなく石鹸分子で覆われてしまいます。この状態を上から見たら、石鹸分子が膜のようになっていることに気付くでしょう。小学校の朝の朝礼でグラウンドに整列した生徒たちを上空から見た様子を想像してみてください。子供たちの黒い頭が集まって海苔のように見えるのではないでしょうか？　このような状態の分子集団を分子膜といいます（図５－４）。

分子膜は重ねることができます。二枚の分子膜が重なったものを二分子膜といいます。一枚だけの膜は単分子膜といいます。シャボン玉や細胞膜は二分子膜でできた袋なのです。シャボン玉の二分子膜は親水基が向かい合った二分子膜です。そしてこの合わせ目に水分子が入っているのです（図５－５）。水の量はシャボン玉の部分部分によって異なります。ですから、シャボン玉の膜の厚さは部分によって異なります。袋の中はもちろん空気（息）です。

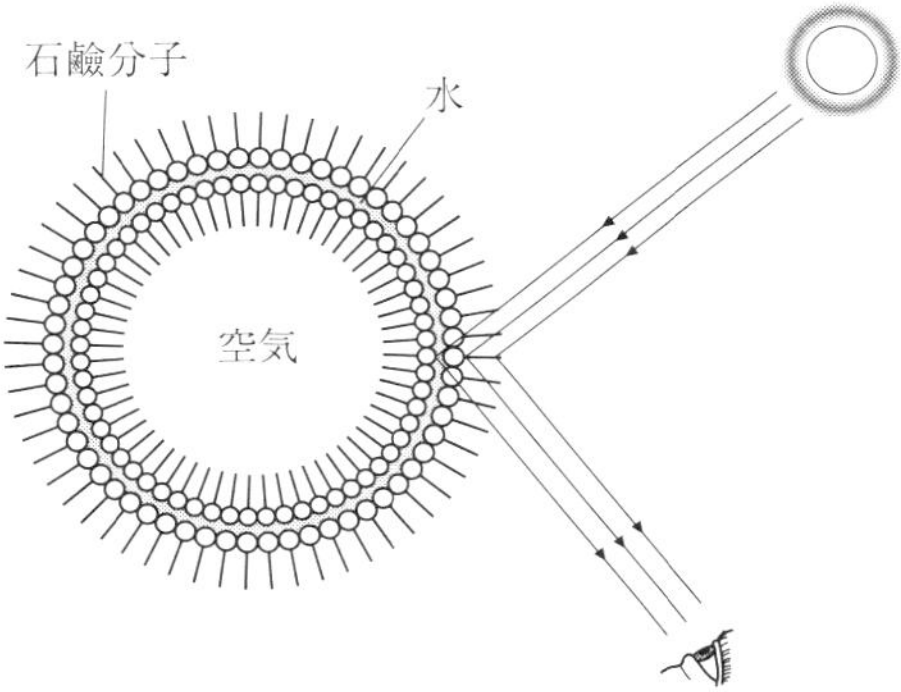

図5-5　シャボン玉の虹のしくみ　二分子膜の各層に反射した光の干渉が虹となる。

（b）シャボン玉の輝き

このようなシャボン玉がなぜ輝くのか、の答えはもう、お話しするまでもないでしょう。前節のお話のとおりです。シャボン玉の膜は、石鹼分子―水―石鹼分子、の三層構造なのです。シャボン玉に差し込んだ光は三層構造の膜のいろいろな部分で反射され、干渉して色を出します。その色は膜の厚さや、反射の角度で変化します。ある部分は赤が強調され、ある部分は青が、そしてある部分は緑が強調されて虹の七色のように輝くのです。

石鹸分子も水分子も重力の影響を受けます。そのため、シャボン玉の下部に集まろうとします。それを分子間の引力（表面張力の原因になる力です）がとどめようとします。さらに風の影響が加わって、水層の厚さは一時もとどまることなく変化します。これがシャボン玉の揺らめく虹色の秘密なのです。

シャボン玉の主成分は水です。水は凍ると氷になります。十分に寒いとシャボン玉も凍って氷の玉になります。空気に乗って漂って、壊れるとシャリンと音がするような気がします。

玉虫はなぜ輝く？

玉虫や蝶のような生物の体が虹色に輝くのも構造色です。どのようなしくみで構造色が現れるのでしょうか？

（a）玉虫の輝き

玉虫を実際に見た人は、そのあまりの美しさに息を呑むのではないでしょうか？　まさに生きた宝石のような美しさです。この羽を貼り詰めた法隆寺の「玉虫厨子」は、完成当時はさぞかし

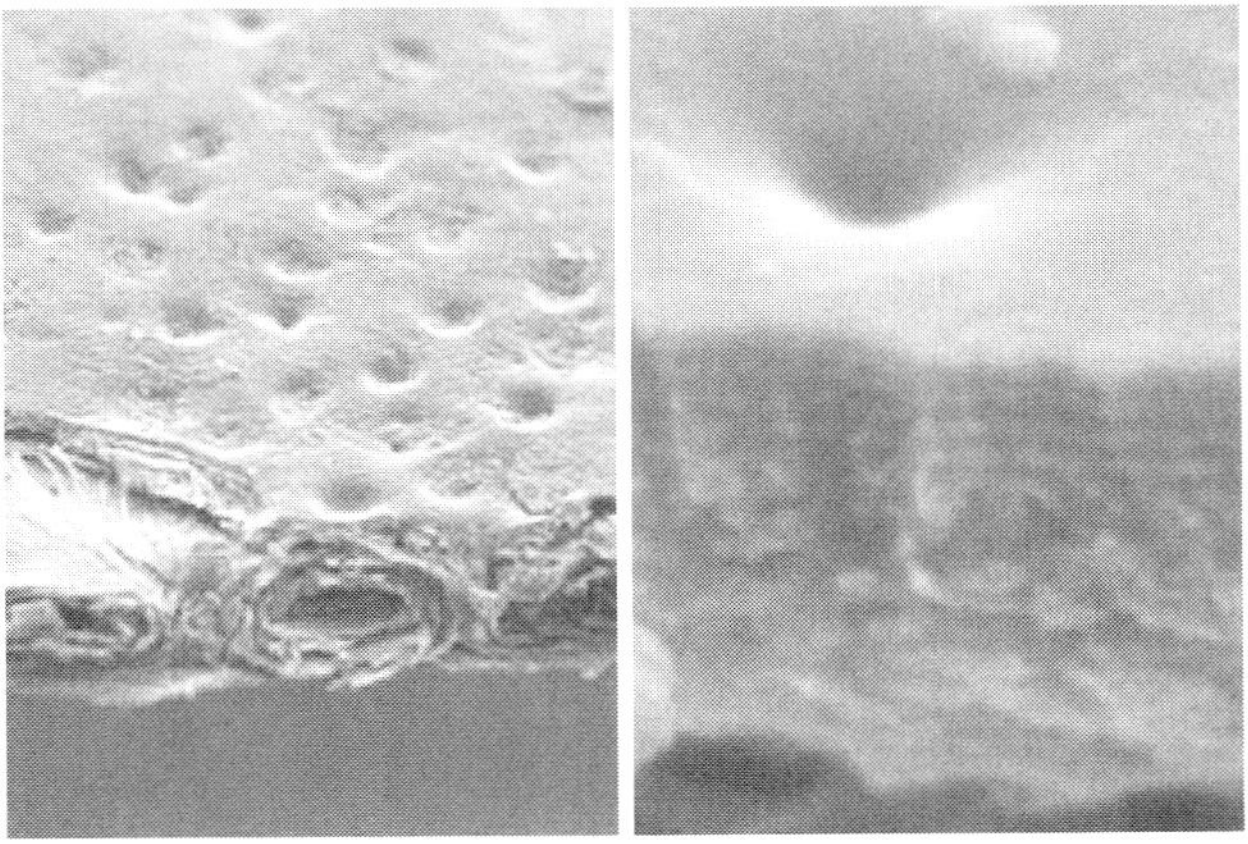

図5-7　**玉虫の羽の表面の拡大写真**　キューティクルが起こす干渉を羽の凸凹が乱反射してさらに複雑な構造色となる。

美しかったことと想像されます。

玉虫の美しさも構造色のせいです（口絵　図５－６）。玉虫の羽の表面にはクチクラあるいはキューティクルと呼ばれる小さなウロコ状の薄片が二〇層ほど敷き詰められています。キューティクル構造は人間の髪の表面にもあり、それはタンパク質でできていますが、玉虫やコガネムシのような甲虫類のキューティクルはキチン質という多糖類でできています。多糖類とは、ブドウ糖のような単位糖類がたくさん結合した高分子であり、デンプンやセルロースのようなものです。

玉虫の色は、このキューティクルに反射した光が起こす干渉によるものなのです。玉虫の羽は顕微鏡で見ると規則的な凸凹のあることが分かります。この凸凹によって光がさらに複雑に反射され、玉虫の独特な色彩と輝きが出てくるものとい

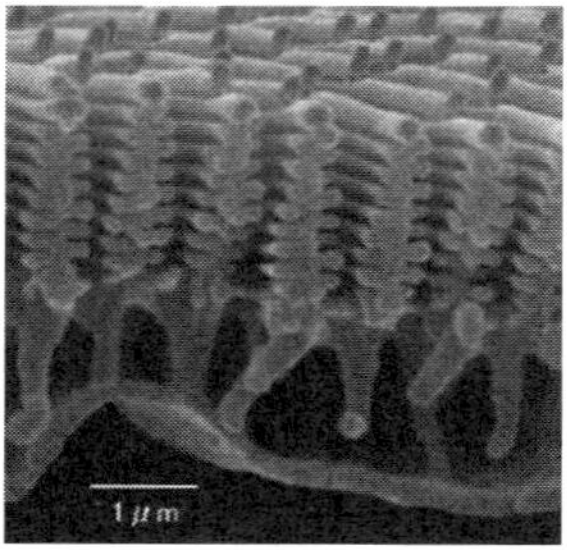

鱗粉の畝構造の断面拡大画像

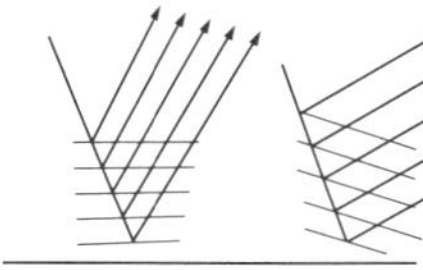

畝と棚構造

図5-8　生物の構造色の原理　鱗粉の表面は層構造になっている上に、複雑な棚構造があり、それらの起こす干渉が構造色の原因。

われています（図5－7）。

（b）蝶の輝き

モルフォチョウは南米の熱帯雨林に生息する、大きさは手のひらほどの大型の蝶です。特徴はなんといってもその青い虹のように輝く美しさで、生物の構造色の例として、玉虫と並んでよく知られています。

モルフォチョウの光の原因は羽についた粉状の物質、鱗粉にあります。鱗粉の表面が玉虫のように層状になっているのですが、モルフォチョウの場合にはその表面に切れ込みが入り、まるでお茶畑のように棚田状になっているのです。光は層構造によって多重反射されると干渉を起こし、さらに〝お茶畑の畝《うね》〟によって反射されて、あのような複雑な色彩を獲得しているのです（図5－8）。鱗粉ではありませんが、孔雀の羽の輝きも同じようなものと考えられます。

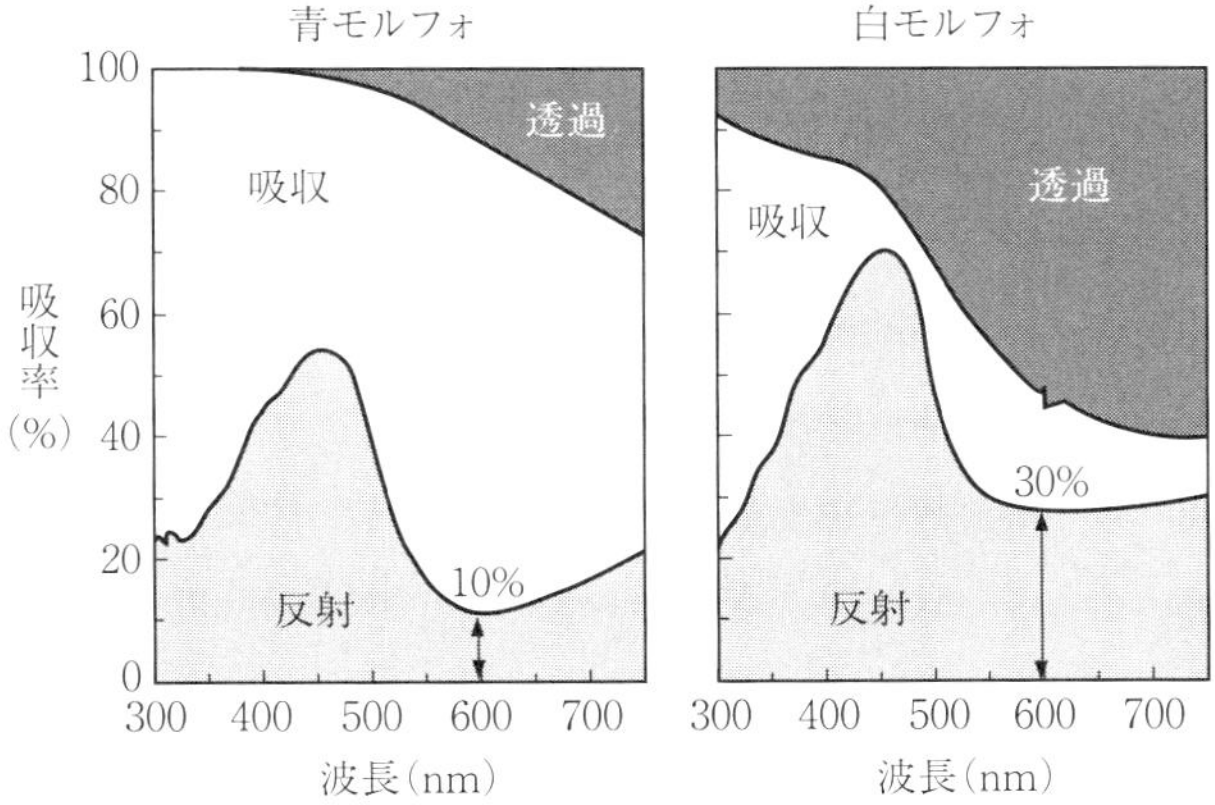

図5-9　青モルフォチョウと白モルフォチョウの違い　600ナノメートル付近の反射強度の違いが色の違いとなって現れる。

しかし、モルフォチョウには八〇種類ほどの種類がありますが、すべてが青く輝くわけではありません。白っぽいものもあります。図5－9は、青と白のモルフォチョウの鱗粉の光に対する挙動を表したものです。

鱗粉と光の相互作用には反射、吸収、透過の三種類があります。そのうち、反射を見てみましょう。波長四〇〇～五〇〇ナノメートル程度の〝青い光〟の反射率は、むしろ〝白い蝶〟のほうが高くなっています。にもかかわらず白く見えるのは六〇〇ナノメートル付近の〝赤い光〟の反射率の高さです。この領域の光が多いと青い光が目立たなくなり、全体が白っぽくなってしまうのです。簡単に言うならば、四〇〇ナノメートルの〝青い光〟が六〇〇ナノメートルの〝赤い光〟によって相殺されたと考えればよいでしょう。

テレビ画面に陽が射すと、画面が白っぽく見えるのと似た原理です。

（c）魚の輝き

白いモルフォチョウの干渉色をすべての波長領域で起こしているのが魚です。典型的な例は太刀魚です。まさしく太刀としか言い表しようのないほど銀色に輝く太刀魚の色も構造色なのです。

太刀魚の皮膚には虹色素胞といわれる細胞のようなものがあり、そこにグアニン箔と呼ばれる、グアニン（タンパク質の一種）の板状結晶があり、そこで反射された光が全波長領域にわたって起こす干渉色が太刀魚の銀色になるのです。鏡や金属表面が銀色に輝くのと同様です。太刀魚ばかりではありません。サンマの青っぽい銀色も、カツオの銀色の光も同じです。

なお、熱帯魚には、美しい青色に輝くコバルトスズメダイや、いろいろな色をした縞模様を持つネオンテトラなど、鮮やかな色彩を持つ魚がたくさんいますが、これらも構造色によるものです。

5—3　空の青

モルフォチョウや玉虫を目にすることはあまりありませんが、ＣＤやサンマの構造色なら、時折目にするものです。しかし、構造色の中にはもっと身近なものもあります。

空が青いのはなぜ？

空が青いのはなぜでしょう？　空気の色でしょうか？　しかし空気の約八〇パーセントは窒素であり、二〇パーセントは酸素です。両方とも無色の気体です。微量ながら、水蒸気や二酸化炭素やアルゴンなども混じっていますが、いずれも無色の気体です。したがって空の青は空気の色ではありません。

夜の空は真っ暗（真っ黒）です。光がないからです。昼の空が明るく青いのは太陽の光があるからです。しかし、太陽を見ても眩しいだけで青くはありません。すなわち、空の青は太陽の色でもないのです。それでは何の色なのでしょう？

虹の色は物質の色ではありません。しいていえば光の色です。空の青色も同じです。虹の七色のうち、青色だけが強調されたと思えばよいでしょう。

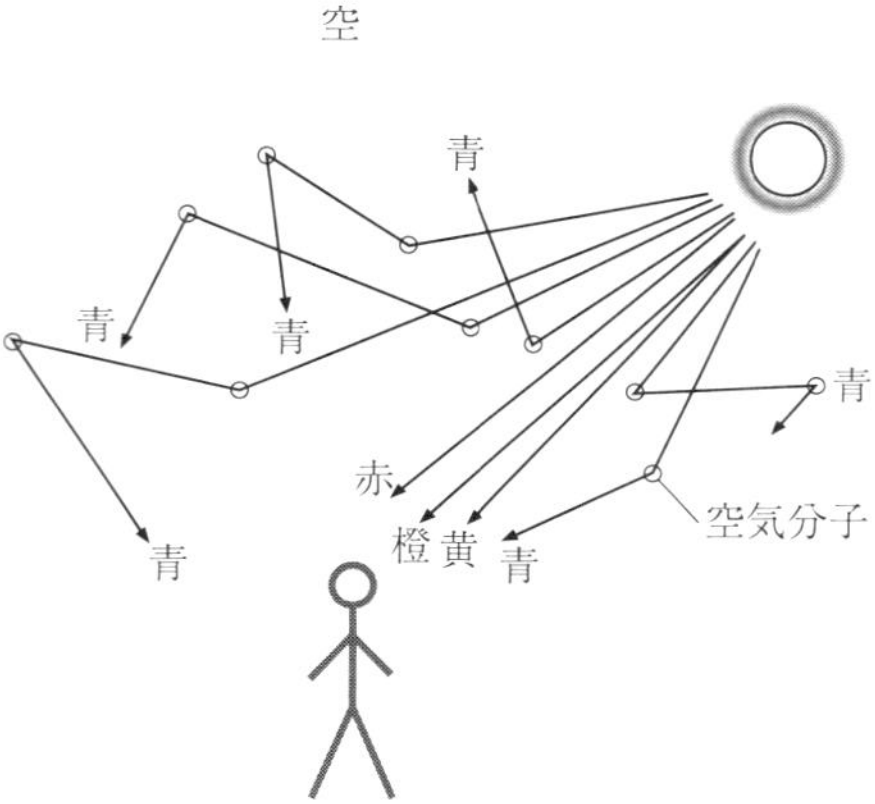

図5-10　空が青いしくみ　眼に飛び込んでくるのは散乱光であり、青い光は散乱しやすいので、空が青く見える。

空の光は、太陽の光が酸素や窒素の分子によって散乱された光なのです。散乱は反射の一種ですが、形の複雑なものに反射すると反射光が一定方向に収斂《しゅうれん》せず、いろいろな方向に発散します。このような反射を特に散乱といいます。その結果、散乱光は太陽の方向からだけでなく、あらゆる方向から目に飛び込んでくるので、空はどの方向を見ても明るく見えるのです。そして、空が青く見えるのは散乱光が青いからなのです（図5－10）。

散乱光が青いとはどういうことでしょうか？光は粒子に衝突すると反射して散乱しますが、粒子が空気分子程度の大きさのときに起こる散乱をレイリー散乱といいます。レイリー散乱を起こす確率は光の波長の四乗に反比例します。波長をλとすると、$1/\lambda^4$です。これは波長の短い光（青い光）ほど散乱されやすいことを意味します。波長が長いと空気分子にぶつかっても反射せずに通り抜けてしまうのです。青い光（波長四〇〇ナノメートル）と赤い光（七〇〇ナノメートル）では、青い光のほうが約一〇倍も散乱されやすいことになります。そのため、空は青い光で一杯になり、青く見えるのです。水が青く見えるのも同じ原理です。光が水分子によってレイリー散乱されているのです。

虹が半円なのはなぜ？

太陽の光と大気が作り出す壮大な光のドラマはたくさんあります。身近な例を見てみましょう。

（a）夕日が赤いのはなぜ？

太陽光はすべての可視光を含みますから無色の白色光です。しかし、私たちの目に届くときには大気の層を通ってきます。その間に青い光は散乱されて減ってしまいます。ですから、太陽は「黄色に見える」かどうかはともかくとして、青の少ない、黄色がかった色に見えることになります。

それでは夕日が赤く見えるのはなぜでしょう？　夕日が見えるころには太陽の高度はだんだん低くなります。ということは図5－11に示したように、大気の層を斜めに通過し、長い距離l_2を辿ってくることになります。昼の距離l_1とは比較になりません。太陽光が、このl_2を進む間にほ

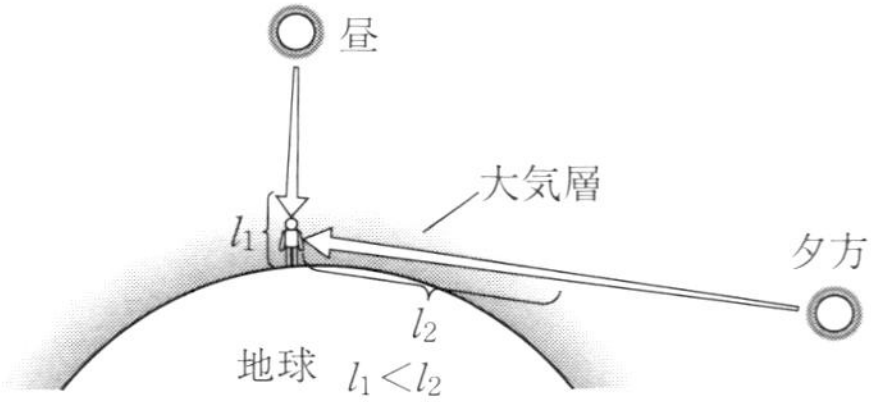

図5-11　夕日が赤いしくみ　光が大気中を通過する距離が昼より長い。そのため、青い光はほとんど散乱され、赤い光だけが残る。

とんどの青い光は散乱されてしまい、さらに緑なども散乱されてしまいます。結局、最後に残った橙や赤など、波長の長い光だけが私たちの目に届くことになります。そのため、夕日は赤く見えるのです。

（b）雲が白いのはなぜ?

雲が白いのも散乱のせいです。ただし、青空のようなレイリー散乱ではありません。雲は水滴や氷の集まりです。その直径は〇・〇一～〇・一ミリメートルですから、可視光線の波長、〇・〇〇〇四～〇・〇〇〇八ミリメートルに比べると一〇〇～一〇〇〇倍の大きさになります。

このように大きなものが起こす散乱はミー散乱と呼ばれ、波長の選択性はなくなり、すべての波長にわたって散乱します。ですから、散乱光はすべての色が混じった白色となります。このため、雲は白く見えるのです。霧や霞が白く見えるのも同じ理由です。

また、牛乳を水で薄めた液体に細い光源から出た光を通すと、光の道筋が見えるチンダル現象もミー散乱によって起こる現象です。

（c）虹が半円なのはなぜ？

虹が見えるためには条件があります。まず雨上がりなどで、空気中に十分な量の水滴が存在していなければなりません。この空気中の水滴に太陽光が散乱されることによって虹ができるのです。この条件は滝などでも満たせます。ですから、大きな滝のそばには虹が見えることがよくあります。ナイアガラやビクトリア大滝の写真にはほとんど必ず虹が出ているのはこのような理由です。そして次の条件は、観察者の後ろ側から光（太陽光）が差し込むことです。

虹はプリズム現象と同じく、①光の屈折と、②水滴による全反射によって起こる現象です。

①屈折とは、光が異なる媒体に入射するとき、その進路が曲げられる現象をいいます。ですから、空気という媒体中を進んできた光が、水滴（水）という異なる媒体に入るときには屈折が起こります。しかし、進路の曲がる程度、屈折率は光の波長によって異なります。波長が短いものほど大きく曲がります。そのため、水滴に差し込んだ光はプリズムに入射したように、その成分に分割されることになります。

②これらの分割された光が水滴の中を進むと、空気との境に行き当たります。このときの水滴面と光の角度が問題で、角度が小さければ光は空気中に出てしまいます。しかし、角度が大きい

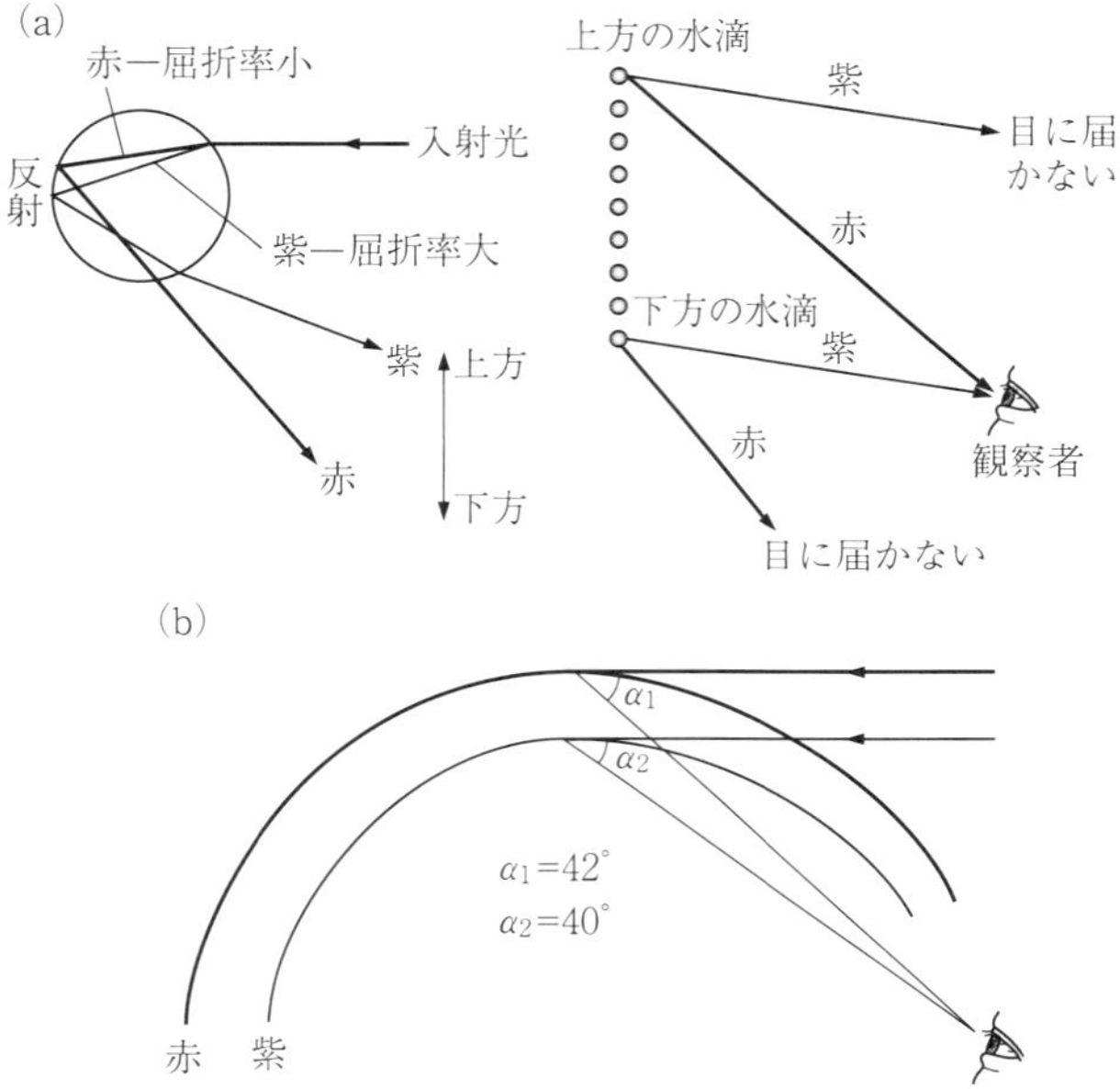

図5-12　虹のできるしくみ　水滴がプリズムの役目を果たすので、水滴に入射した光が屈折率の違いで分光され、七色が現れる。

と全反射してから空気中に出ることになります。

空気中に出た光の方向は色彩によって大きく異なります。波長の長い赤い光は下向きに、波長の短い紫の光は上向きに射出されます。したがって、一個の水滴から出た光すべてが目に届くことはありえません。一個の水滴からは、分割された光のうち、一種類（一色彩、ある狭い波長帯域）の光だけが目に届きます。

すなわち、空の上方にある水滴からは下向きに出た赤い光が、下方の水滴からは上向きに出た紫の光が届くことになります。このため、虹の色は外側（上方）から順に赤、橙、黄、緑、青、藍、紫となるのです（図5－12）。

これが虹として私たちの目に届くのです。しかし、全反射して目に届くためには、入射光に対して一定の角度になる必要があります。この角度は赤で四二度、紫で四〇度です。これが、虹の形が円である理由です。すなわち虹は目を中心にして一定の角度でだけ現れるのです。また、半円なのは、下半分は地面に隠されてしまうからです。

5－4　宝石の色彩

ルビーは赤く、サファイアは青く、エメラルドは緑に輝きます。宝石の美しさは私たちの心を捕らえて離しません。宝石の色彩はどのようなしくみで現れるのでしょう？

構造色で輝く宝石

宝石には多くの種類がありますが、構造色によってその色彩と輝きを出すものがあります。真珠とオパールがその代表です。両者ともその柔らかい色が日本人の肌に合うせいか、日本人に人気の宝石だそうです。ただし、真珠は〝石〟ではなく、貝という生物が作ったものですから、厳密には宝石とはいえないのかもしれませんが、宝石屋さんで売っているものですから、この際、宝石の仲間としてお話ししましょう。

（a）真珠

真珠は事故によって貝の体内に入った異物に対して、貝が自己防衛のために異物を分泌液で包んでしまったことによってできたものです。分泌液の主成分は、タンパク質と炭酸カルシウム（$CaCO_3$）です。ですから真珠は石などの核の周りを、炭酸カルシウムの結晶薄片が何重もの層になって包んだものなのです。この層を真珠層といいます。炭酸カルシウムの薄片の間にはタンパク質や有機物が挟まり、ピンクやゴールドなどの特有の色を着けることになります。したがって真珠の色は、多層構造で反射した光が干渉することによって醸し出される構造色ということになります。

御木本幸吉《みきもとこうきち》が真珠養殖に成功して以来、良質の養殖真珠が適正な価格で販売されるようになりました。使用する貝もアコヤ貝、白蝶貝、黒蝶貝、マベ貝などいろいろあります。マベ貝からは真円の真珠を取るのは困難ですが、大きな半球形の真珠を作ることができるので、ブローチなどに利用されます。ピンク貝からも真珠が取れますが、巻き貝のため養殖真珠を作ることができません。そのため、コンクパールと呼ばれ、貴重品になっています。

（b）オパール

オパールの発色も真珠と似た原理です。オパールの成分は砂と同じ二酸化ケイ素（SiO_2）ですが、そのほかに、重量で最大一〇パーセントほどの水分を含みます。二酸化ケイ素の結晶が薄片を作り、それが層構造をなすため、光が反射干渉して発色することになるのです。薄片間の距離は水分によって微妙に変化します。ですから、オパールは火や熱源に近づけると、色が変化したり、輝きを失ってしまうことになります。保管や取り扱いには注意が必要です。

オパールにもいろいろな種類があります。項の冒頭で柔らかい色を持つといったオパールは、ホワイトオパールといわれるものであり、ブラックオパールといわれるものは青や緑や赤に鮮やかに輝きます（口絵　図5－13）。また、化石は動物や植物の体組織が二酸化ケイ素で置換されたものです。そのため、樹木や動物の化石がオパールになっているものが時折発掘されます。

ルビーとサファイア

宝石はダイヤモンドを別にすればほとんどすべてが色彩を持っています。赤いルビー、青いサファイア、緑のエメラルドは、色彩を持つ宝石の代表といってよいでしょう。

（a）ルビー

ルビーとサファイアは、片方が赤、片方は青、とまったく異なった色彩を持ちます（口絵　図5－14）。しかし化学的な組成はまったく同じで、酸化アルミニウム（Al_2O_3）です。これは、アルミ製のナベやヤカンの表面に、酸化防止のために作られた不動態のアルミナ、あるいはアルマイトとまったく同じものです。いわば、ルビーもサファイアもおナベの表面のようなものなのです。

ルビーとサファイアの違いは不純物の組成です。すなわちルビーはクロムCrを不純物として含み、サファイアは鉄Feとチタン Tiを含みます。

ルビーの発色原理は基本的に、4－1節の原理に尽きます。すなわち、不純物として含まれた基底状態のクロムCrが光を吸収して励起状態のCr*になるのです。このときに吸収する光が、青緑色の光であり、その結果、ルビーは補色の赤に着色するというわけです。これはほとんどすべての色素の発色原理と同じであり、残念ながら？構造色ではありません。

（b）サファイア

しかし、サファイアでは少々事情が異なります。ここでは安定（低エネルギー）状態（基底状態）と不安定状態（励起状態）の元素が違うのです。

サファイアでは光のエネルギーを吸収するのは基底状態の鉄であり、その結果生成するのはチタンの励起状態であるといわれています。つまり、光エネルギーは鉄で吸収されながら、結局はチタンで使われているというわけです（図５－15）。

このような資本の移動？は経済界では珍しくもないことなのでしょうが、我々理工学界に暮らす面々には、「ホントかな？」と思ってしまう面もあるので、あえて紹介してみました。

なお、一般には青いアルミナ（Al_2O_3）をサファイアといいますが、宝石学会では赤いものだけをルビーといい、そのほかのものはすべてサファイアといいます。したがってガラスのように無色であったり、黄色のサファイアもあることになります。

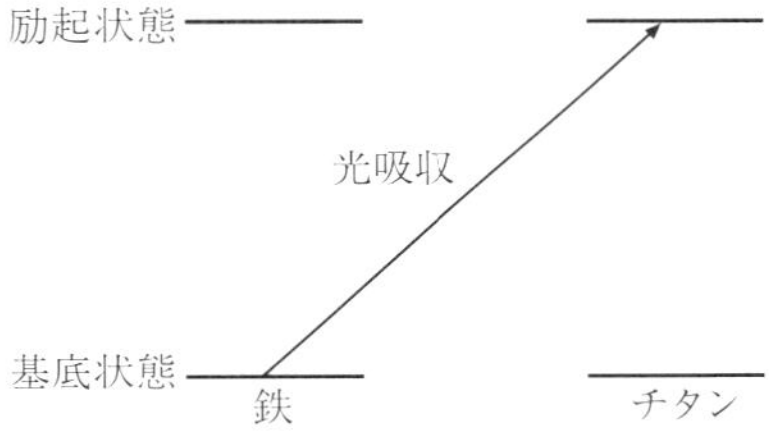

図5-15　サファイアの輝き　サファイアは基底状態の鉄が光エネルギーを吸収してチタンが励起され、青い光を発する。

（c）エメラルドとアレキサンドライト

エメラルドは緑色で透明な宝石です。その元素組成は$Be_3Al_2Si_6O_{18}$であり、サファイア類と同様のアルミニウムAl、オパールや水晶と同様のケイ素Siのほかにベリリウム Beを含むのが特徴です。そのほかに不純物としてルビーと同様にクロムCrを含み、これが緑の発色の原因になっています。

アレキサンドライトは歴史的には新しい宝石といってよいでしょう。発見されたのは一九世紀前半の帝政ロシアの時代であり、当時の皇太子アレクサンドル二世に献呈されたことからこの名前がつけられました。

アレキサンドライトの特徴は、見る条件によって色が変化することです。すなわち、太陽光の下では緑に見え、ロウソクの下では赤く見えるのです。これは当時の科学水準での表現であり、現代風にいうならば、紫外線を照射すると緑に見え、可視光線を照射すると赤く見えるということです。

アレキサンドライトの元素組成は$BeAl_2O_4$であり、エメラルド（緑）と同じようにベリリウムBeとアルミニウムAlの両方を含みますが、不純物としてルビー（赤）と同じクロムCrを含みます。このようにしてみると、条件次第でエメラルドとルビーの両方の色、すなわち緑（紫外線）と赤（可視光線）に見えるというのも、頷けるような気がして興味深いものがあります。

しかしアレクサンドル二世は皇帝を襲名してまもなく暗殺され、ロマノフ王朝は最後の皇帝ニコライ二世一家とともに歴史の闇に消えました。昼と夜で色を変えるアレキサンドライトが残ったというのも、運命的なものを感じさせます。

第6章　色彩の心理学

第1章でも述べましたが、色彩は光という物理的な現象と、知覚という生理学的な現象の接点として現れる融合現象です。してみれば、知覚の主体である人間の生理、心理と色彩の間に密接な関係があることは、当然の帰結といえるでしょう。実際に色彩が私たちの心理、生理に大きな影響を与えることは、誰もが経験することです。また、反対に、生理的な条件が色彩感覚に大きな影響を与えることもあります。このことは、ＬＳＤなどの麻薬服用状態で描かれた、幻覚的な色彩の絵画から窺い知ることができます。

色彩が私たちの心理に与える影響には計り知れないものがあります。暖色系の色彩を見れば幸福感を感じ、食欲も購買欲も増すような気がします。このような現象を経済が見逃すはずはありません。店舗の色彩設計はこのような哲学の延長ですし、流行はこのような現象の経時変化を先取りしたものと見ることもできます。

ここでは色彩と心理のかかわりについて見ていくことにしましょう。

6－1　色彩の効果

人間にとって色彩は単なる色ではありません。色彩には感情がついて回ります。赤を見たときには、目に赤が映るだけではありません。赤に刺激されて、心にいろいろな感情がセットになって浮かび上がります。すなわち、赤は見た人を特定の心理状態に導くのです。もちろんそこには、その人の個人的な歴史や、思い入れや、好みも入ってきます。

しかし、それら以外に、多くの人々に共通する感情もあるのです。

ゲーテの色彩感覚

ゲーテの『色彩論』は第1章で紹介しましたが、さすが文学者らしく、物理学者のニュートンとは一味違ったアプローチをしています。ゲーテはまた色相の間の関係を詳しく考察しています。科学的に見たら何の根拠もないような話ですが、心理学、心象学的には面白いものを含んでいるようです。現代の色彩心理学の先駆ともいえるゲーテの考察を見てみましょう。

ニュートンと同じようにゲーテも色環を作りました（図6－1）。しかしそれは図に示したようなものであり、ニュートンの色円や現代の色相環とは色相の順序の異なるものです。それもそのはずで、ニュートンや現代の色相環が色相をその波長の順序に並べた〝科学的〟なものであるのに対してゲーテの色環はゲーテの独断によって並べたものなのです。

とにかく、ゲーテは基本になる色として黄と青を考えました。彼によると黄と青は対立する色彩なのであり、黄は明朗快活で優しく、それに対して青は冷たく陰影を感じさせるというのです。そして黄が高進すると橙になり、一方、青が高進すると菫になります。この菫と橙が結合すると最高にしてもっとも高貴な色彩の深紅になるといいます。しかし、黄と青が合体すると緑になりますが、緑は対立する青と黄の平衡状態なので、感覚と感情の安らぎをもたらす色彩である、ということになるのだそうです。

　なにやら、独断と偏見の結晶のようにも見えますが、しかし、ゲーテが芸術や科学に造詣《ぞうけい》が深かったことを考えれば、色彩にこのような感覚的な要素を持ち込むことが、あながち無意味なこととも思えません。結局、色彩に関するゲーテのこのような主観的、感覚的なアプローチが現代の色彩と心理あるいは生理の関係を解析する研究の道を開いたものと見ることができるでしょう。

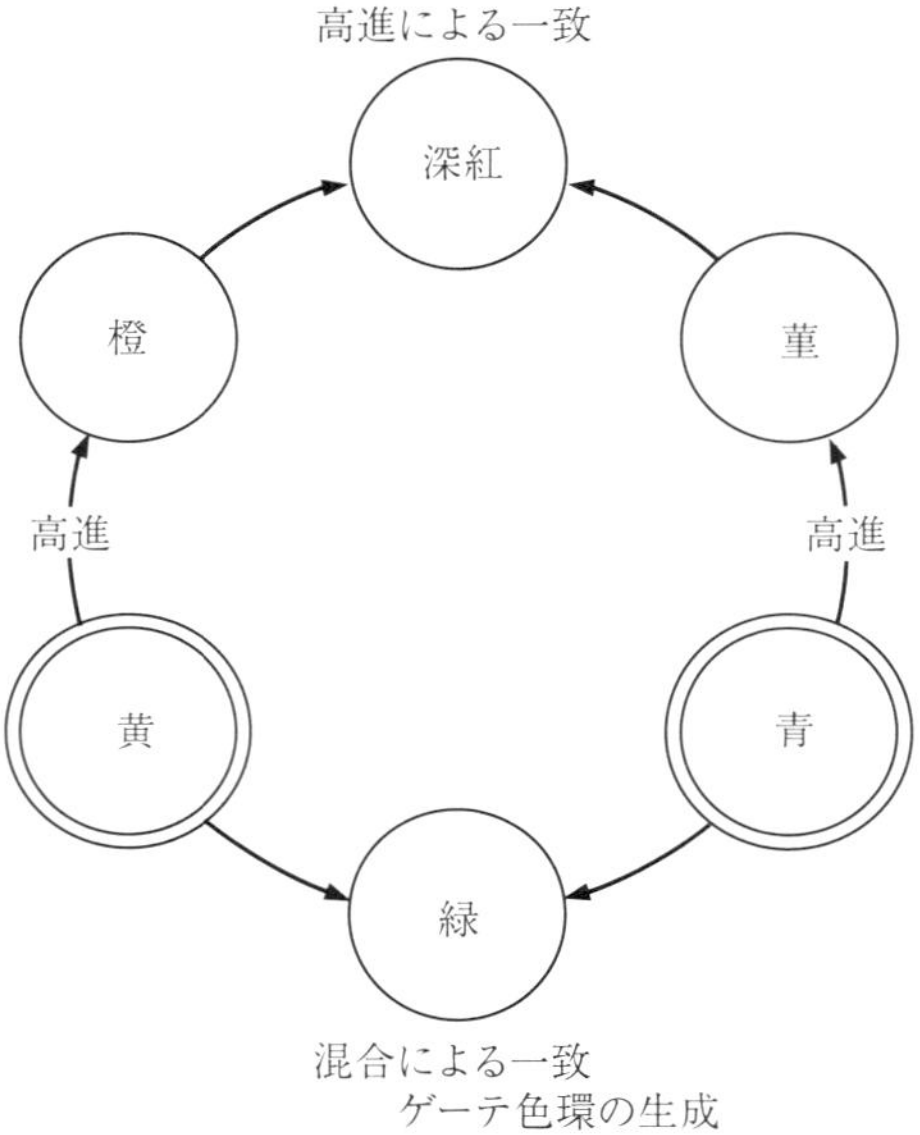

図6-1　色彩と感覚　ゲーテは基本色を黄と青と考え、色彩に感覚的な要素を取り入れて色彩と心理の関係を模索した。

色彩の性格

色彩は、見た人にどのような感情を抱かせるのでしょうか？　そのような、色彩の持つ心理的な効果を見てみましょう。

（a）暖色・寒色

見た人に暖かみを感じさせる色彩を暖色、反対に冷たさを感じさせる色彩を寒色といいます。暖色は夏の太陽や焚き火の炎をイメージさせる色彩で、赤、橙、黄などが該当します。一方寒色は冷たい水や凍てついた寒空をイメージさせる色彩で、青系統の色彩になります。

夏に暖色の衣服を着たら、見る人に暑さを感じさせるだけでなく、着ている本人も暑く感じてしまいます。そのため、夏の衣服、カーテン、あるいは扇風機など夏に使う電気器具には寒色系を用いることが多くなります。

ただし、暖色、寒色の感じ方には個人差があり、個人の体験も反映するようです。すなわち、実際に寒さを実感した経験のある東北、北海道の人たちは寒色に非常な寒さ、冷たさを感じます。しかし、そのような経験のない、九州、沖縄の人々は寒色にもそれほどの冷たさを感じないことが多いようです。

（b）膨張色・収縮色

色彩には膨らんで見える膨張色と、縮んで見える収縮色があります。一般に赤、橙、黄などの暖色は膨張し、反対に寒色は収縮します。

また、色彩の明るさ（明度）も影響し、同じ赤でも明るいピンクのように明度の高いものは赤よりさらに膨張して見えます。それに対して明度の低い色は収縮しますから、青は収縮色ですが、それより明度の低い紺、藍などはさらに収縮して見えます。

明度がゼロの黒などは、究極の収縮色ということになります。スマートになりたくてダイエットをしようと思うなら、ダイエットと同時に、寒色系統の衣服を着るようにすると、より効果的ということになりそうです。

（c）進出色・後退色

飛び出して見える色彩を進出色、反対に引っ込んで見える色彩を後退色といいます。一般に膨張色は同時に進出色であり、収縮色は後退色です。進出して見えるか、後退して見えるかには、色相だけでなく、彩度も効いてきます。すなわち、同じ色相ならば、色彩の純度が高い、すなわち、彩度の高い色彩（真っ赤、真っ黄色と表現される）がより進出して見えることになります

（図6－2）。

進出色、後退色は、部屋のカラーコーディネートを考える場合に効果的です。小さな部屋を進出色でまとめたら、壁やカーテンが自分に迫ってくるように感じられ、狭い部屋がますます狭く思われてしまいます。狭い部屋を少しでも広く感じるためには、後退色である寒色系の壁紙やカーテンで統一すると有効ということになります。

しかし、それはあくまでも部屋の広さに関しての話で、寒色で統一された部屋にいたのでは、冬の暖房代が膨張しそうです。

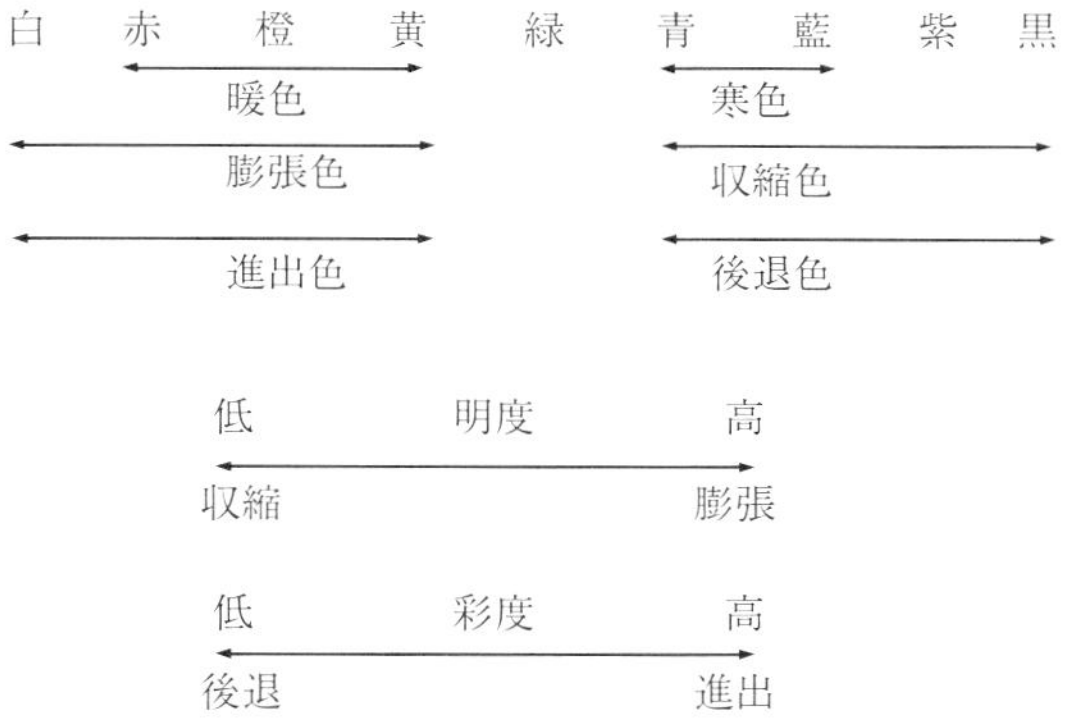

図6-2　**進出色と後退色の関係**　同じ色相なら、色彩の純度が高いほうがより進出してみえる。

(d) 重い色・軽い色

色彩には重く感じられるものと軽く感じられるものがあります。もっとも軽く感じられるのは白であり、もっとも重く感じられるのは黒になります。事実、同じ重さ、体積の物体の色を、白から黒に変えると体感重量は一・八倍になるというデータがあるそうですから馬鹿になりません。白を黄に変えても一割ほど重く感じられるそうです。

（b）で見たように、黒の衣服を着ると収縮してやせて見えるようですが、その一方、体重はいまの一・八倍に「思われる」可能性があることになります。やはり、実体を減量しスリムになるに越したことはないようです。

色彩同士の関係

色彩は、ただ一色で私たちの目に入ることはほとんどありません。例外的なケースを除けば何色もの色彩が同時に目に入ります。補色の関係を持ち出すまでもなく、色彩はお互いに相互作用をします。色彩同士はどのような相互作用をするのでしょうか？

これらは一般に目の錯覚、錯視といわれる現象になります。

（a）対比効果

ある色彩Aの背景に他の色彩を置くと、Aの色彩が背景の色彩の影響を受けて、本来のAとは異なった色彩に見えます。これを対比効果といいます。対比効果は色相、明度、彩度、それぞれに現れます（口絵5　図6－3）。

色相対比：中央のオレンジ色Aが背景の色彩によって異なって見える例です。右の場合には、黄色をバックにしたことによって青みがかって見えます。これは黄色の補色である青がオレンジ色に重なったせいと考えられます。同様に、左では赤を背景にしたことによって黄色がかって見えますが、これは赤の補色である青緑が黄にかぶさったせいと思われます。

明度対比：背景の明度が高いと中央のAの明度は低く感じられ、一方、背景の明度が低いと中央の明度が高く感じられる現象です。すなわち、中央の灰色Aが、白を背景にするとより黒っぽく見え、反対に黒を背景にすると白っぽく見えます。

彩度対比：彩度の低い背景では明るく見え、高い背景では暗く見えます。

（b）同化効果

先に見た対比効果は、隣接する二色の色彩が互いに相手を強調して、結果的に二色が離れるように働く効果でした。これに対して、隣接する色彩を近づけるように働く効果もあり、これを同化効果といいます。

隣接する二色間に働く効果が対比効果になるか同化効果になるかは、二色の面積関係によって決まります。すなわち、背景と図柄の色の面積比が小さいと対比効果になり、面積比が大きいと同化効果に移ってゆきます。同化効果も色相、明度、彩度、それぞれに働きます（口絵　図6－

4)。

色相同化：背景の色相が線の色相に近づいて見えます。紫色の背景に藍色の線を引くと紫色が青っぽく見え、オレンジの線を引くと赤っぽく見えます。

明度同化：背景の色彩の明度が線の明度に近づいて見えます。左では背景の青灰色の明度が線の明度に近づいて明るく見えます。右側では暗くなっています。

彩度同化：背景の緑色の前に彩度の高い黄緑線を引くと、背景の緑色も鮮やかに見え、彩度の低い線を引くと緑色もくすんでしまいます。

6―2　色彩と生体活動

色彩は人間の感情に働きかけるだけではありません。人間の生理的な活動、さらには理性的な行動にまで影響を与えることがあります。

生理作用と色彩

暖色を見ると暖かく感じ、寒色を見ると涼しく感じるように、色彩は私たちの生理的な感覚に影響を与えます。その結果、私たちは意識せずに色彩によって行動を方向付けられていることがあります。これは用い方によっては自分の健康を色彩によって向上させることにも、また反対に使うこともできることを意味します。

このように色彩は、使い方によっては大衆を制御することも可能です。たかが色彩、と侮るととんでもないことになるのです。色彩の力、その限界をわきまえ、場合によってはその適正な使用法を議論すべき時代に入っているのかもしれません。

（a）血圧と色彩

血圧は人間の生理作用をコントロールする大切な指標ですが、この血圧が色彩によって影響されることが知られています。すなわち、青には血圧を下げる効果があり、反対に赤には血圧を上げる効果があります。赤い色は人を興奮させるので、当然の帰結でしょう。血圧を測定する場合には青っぽい部屋で測定したほうがよいということになりそうです。

色彩が記憶と結びついて血圧に影響する例も知られています。「パブロフの犬」のような話です。すなわち、白衣高血圧という現象です。これはお医者さんの白衣によって血圧が上昇する現象です。白衣によって病気や注射や手術を連想し、緊張した結果血圧が上がるというものです。したがって、白という色彩の効果ではなく、医者というイメージの効果といったほうがいいかもしれません。

（b）食欲と色彩

色彩には食欲を刺激するものと抑制するものがあります。暖色と寒色で見たように、色彩の効果は個人の記憶、歴史による部分があります。子供のころに嫌いなピーマンをいやいや食べさせられた思い出のある人は、緑を見ると食欲が減退するかもしれませんし、トマトの赤に弱い人もいるかもしれません。

しかし一般的にいうと、人は赤やオレンジ、緑など鮮やかな色彩を見ると食欲を刺激され、紫や黄緑を見ると減退させられるといわれています。茶色の肉料理に添えられるプチトマトの赤やクレソンの緑などは栄養バランスのほかに、視覚による食欲増進をも狙っているのでしょう。最近の紫イモのブームは、健康志向が色彩の食欲に及ぼす効果を打ち負かしたということになるのかもしれません。しかし、対比効果ではないにしても、少量の異質の色彩はメインの色彩を際立たせる効果がありますから、紫イモは色彩の引き立て役になっているのかもしれません。

（c）睡眠と色彩

睡眠もまた、色彩によって影響を受けることが知られています。睡眠に誘う色としては青が有効といわれています。Aで見たように青には血圧を下げる効果があり、また緊張感を取り除いてくれるので、人が物理的に心地よい眠りに入るためには最適の色といえるでしょう。

また、柔らかい緑は、心地よい春の田園のような癒しの効果を持っていますので、人を心理の面から眠りに誘う効果があるといえます。暖色も、濃い色彩は人を興奮させるのでいけませんが、淡い色彩ならば眠りに誘う効果があります。

照明の色彩は睡眠に大きな効果があることが知られています。青っぽい光を発する蛍光灯は睡眠に適しているとはいえません。それに対して、暖かく柔らかみのある色彩の白熱灯は人に安心感を与え、心地よい睡眠に誘ってくれます。逆にいえば眠気を追い払って仕事をしなければならないオフィスの照明としては蛍光灯が相応しいことになります。

照明の色彩は、睡眠ホルモンとして知られ、脳の松果体から分泌されるメラトニンの分泌量に影響することが知られています。蛍光灯のような照明は分泌量を減らし、白熱灯は増やす傾向があるのです。メラトニンは睡眠に関係するだけでなく、生体リズムの調節や、免疫力亢進など、生理的に重要な働きをするホルモンであり、また抗酸化作用もあるといわれている物質です。睡眠時の照明の色彩には留意したほうがいいでしょう。

（d）時間と色彩

色彩には時間を長く感じさせる色彩と、短く感じさせる色彩もあります。同じ六〇分が、赤い部屋では八〇分にも感じられ、青い部屋では四〇分にしか感じられないのです。

ダイビングをしていて、酸素不足で亡くなることがあるのはこのようなことが影響しているともいわれます。持参した酸素ボンベには一時間分の酸素が入っていたとしても、海中の青い環境にいるダイバーには、一時間が四〇分にしか、感じられないのです。まだ二〇分の酸素があると思っているときには、実際にはすでに一時間が経っており、ボンベの酸素は底を突いているということです。

赤い部屋で待ち合わせをして一〇分遅れるのと、青い部屋で一〇分遅れるのとでは、赤い部屋のほうが長く待たされたという感じを持ちます。待ち合わせをするなら、イザという場合を考えて、できるだけ青い内装の多い場所で待ち合わせをしたほうが無難かも。

行動と色彩

色彩は人間の、無意識的な、動物的な生理学的行動にだけ影響を与えるのではありません。理知的に、意識的に考えて行う行動にも影響します。

（a）活動と色彩

一般に暖色は人間を興奮させ、活動を活発にします。それに対して青は内省的であり、活動する前に一歩退いて、その活動の意味を問いただすような傾向があります。すなわち、赤は活動的な色彩であり、青は停滞的な色彩であるといえるでしょう。

スペインの闘牛では、闘牛士は赤いマントをヒラヒラさせて牛の闘志を掻き立たせます。しかし、実は牛は赤を認識できず、赤いマントで興奮するのは人間のほうだといわれています。また、戦国時代の最強騎馬軍団といわれた武田軍団は赤備《あかぞな》えといわれ、甲冑の威《おど》し（甲冑の革片を繋ぎとめる紐）を赤で揃えたことで有名でした。これは自分たち自身が赤い色彩で興奮して攻撃的になると同時に、相手にこちらの攻撃性を知らせてたじろがせるためでもありました。

一方活動をとどめる色もあり、それが青であり、ピンクです。ピンクは平和的な色であり、活動するよりは現状に平穏を求める色です。ピンクの軍服では意気が揚がりません。

（b）スポーツと色彩

スポーツの場合、活動的な色が相応しいのは言うまでもありませんが、それほど単純には行きません。多くのスポーツの場合、相手チームがあり、観客があります。自チームと相手チームを区別するためには瞬時の認識性が大切ですが、その用途において色彩に勝るものはありません。つまり、両チームとも赤にしたのでは、間違って相手チームにパスを渡さないともかぎりません。また、サポーターに自チームの活躍を認めてもらうためには、相手と違う色彩にしなければなりません。ということで、チームプレーのスポーツでは色彩採用の自由度は思ったほど多くはありません。

しかし、陸上競技のような個人プレーの場合には色彩効果の発揮できる場面はいろいろあります。現在ではトラックのアンツーカー（走行面）はレンガ色が大部分ですが、中には青くしている競技場もあります。走者はレンガ色の場合より落ち着いて走ることができるので、体のブレが少なくなり、いい記録が出ると期待しての試みですが、まだ実験段階です。

また、ハードル競走のハードル（障害物）の色を白黒から黄色にしたところ、バーを倒す人の割合が減り記録が向上したという実験結果もあります。これは、バーの色を黄色にしたことによって遠くからでもよく見え、距離感がつかみやすくなったために歩数あわせがしやすくなったからのようです。

（c）学習と色彩

子供たちをいかにして勉強に向かわせるかは教育界の大きなテーマです。ここでも色彩は大きな効果を生んでいます。子供たちを勉強など、一つのものに集中させるには、内省の色である青が向いています。しかし青は孤独を誘う色でもあり、多すぎると子供の情緒によくない影響が出る可能性もあります。寂しくなって、長い時間いることができなくなるかもしれません。したがって、自然系で落ち着いた色彩のベージュと青を組み合わせるアイデアが出てきます。

しかしこれは家庭での例であり、集団行動が基本となる学校ではまた別の要請が出てきます。それは全体の秩序と調和です。そのためには、壁などを淡い暖色にしてやると効果があることが知られています。

また照明の色彩も大切であり、大人にとって機能的な蛍光灯の色は、子供にとってはあまりよくないようです。白熱灯のほうが温かみがあっていいようです。

（d）犯罪と色彩

犯罪を予測して実験設備を備えることは不可能ですから、犯罪と色彩の関係を明確にするのは困難です。しかし、面白いデータがあります。大阪市のある商店街では、空き巣と自転車の盗難が多いことで悩んでいました。そこで、夜の照明を、落ち着いて内省的になる色彩の青に変えたところ、事件の件数が減ったそうです。しかも青い光は普通の光より遠くまで届く性質があり、その意味でも防犯効果があったようです。

また、刑務所の壁の色を淡く、優しいピンクに変えたところ、囚人同士のトラブルの回数が減ったともいいます。

6−3　カラーコントロール

現代は表現の時代といえます。表現しないものは認められませんし、表現の巧みなものはそれだけである程度認められてしまいます。このような価値観がいいかどうかはともかくとして、主張を認めてもらうには表現が巧みである必要があります。

しかしこのような風潮はいまに始まったことではなく、ギリシャのその昔から演説、説得という表現手段は人間の最高の美徳の一つと認められてきました。そして誤った、危険な主張がその演説の巧みさから大衆に受け入れられ、悲惨な結末にいたることがあるのは、歴史が教えてくれるところです。

現代社会はそのような表現手段として、言語のほかに、もろもろ雑多なものを加えた時代ということができるでしょう。そのようなものの中で、特に強力なものとして色彩がある、というのが特徴ではないでしょうか?

色彩と企業活動

企業は社会とのかかわりの中で存在します。社会に対していかにいいイメージを植えつけることができるかは企業の死活問題です。企業の主張は、企業内容や営業実績などハード面での実績、宣伝が主体であるべきことはもちろんですが、そのほかのソフト面で企業をプラスに宣伝することができたらそれに越したことはありません。

そのようなとき、企業のロゴや、メーンカラーはシンプルで、しかも訴える力が大きいので、簡単には決められない重要なものとなります。

（a）企業イメージ

企業名と同程度、あるいはそれ以上にマークや色彩が定着している会社があります。アップル社のかじりかけのリンゴなどは代表的なものです。コカ・コーラの赤もすぐに頭に浮かびます。挑戦的で刺激的な企業姿勢を〝無言で雄弁〟に訴えています。

色彩にはそれぞれ固有のイメージがあります。企業をどのようなイメージでPRするかという企業の戦略に沿った色彩を選ぶことが重要になってきます。そのような中で多くの企業に採用されているのが青です。青は誠実、堅実、先進のイメージがありますので、多くの企業にとってはうってつけのようです。

しかし、それだけでは他の会社と同列になり、競争になりません。メーンカラーを青にしたら、それに組み合わせるサブカラーにどのようなものを選ぶかが問題になります。企業戦略はマルチカラーの時代に入っています。

(b) オフィス環境

社員の労働効率を上げるためにはオフィス環境、作業場環境は重要なものになります。オフィスでの色彩は、先の勉強環境と同様のことになります。仕事に集中する色彩として青があり、周囲との協調を図る色彩として淡い暖色があり、心を落ち着かせる色彩としてベージュがありますので、これらを適当に組み合わせることがポイントとなります。

会議室の色彩も重要です。ここでの色彩は青が有効のようです。先に見たように、青い環境の下では思っている以上に時間が経過しているようです。四〇分も過ぎたかな、と思っていると実際には一時間が過ぎています。ということで、青い環境にいると、「時間は速く過ぎるのだ」という意識が働くのだそうです。

その結果、時間を無駄にしないように、という共通意識が芽生え、会議がスムーズに迅速に運ぶといいます。性善説を地でゆくような話ですが、壁の色を変える程度で会議の時間が短くなるならば、お安い御用というべきでしょう。

(c) 労働環境

労働環境の色彩は労働効率だけでなく、安全管理の面からも重要なことになります。安全面に関しては、ＪＩＳや消防法で定まっている色彩もあります。消火器など火災関係の赤や、非常口や救急医療の緑、障害物を表す黄と黒の危険色、船舶での救命ボートなど救命関係を表すオレンジなどは代表的な例です。

単純労働の作業場には青が適していることが知られています。時間を短く感じるのが大きな理由ですがそのほかにも、後退色なので作業空間が広々と感じられるなどの利点があります。

色彩とファッション

無人島にたった一人でいたとしても、もし十分な衣服があったら、毎日着替えるのではないでしょうか？　衣服は見る人に自分のメッセージを伝える手段であると同時に、自分に対するメッセージでもあります。ファッションは、毛皮という天然衣服を失った人間にとって、毛皮のように欠くことのできないものになっているのです。ファッションにおいて色彩はもっとも重要なものといってもいいでしょう。

（ａ）職業とファッション

業種によっては制服が決まっている場合があります。軍人や警官、消防士、ガードマンなどの制服はその最たるものでしょう。これらの制服は相手に対する威嚇の意味もこめられており、もっともメッセージ性の高いものといえるでしょう。そのほかにも、調理師、看護師など、制服を見れば職業の分かるものがあります。宗教関係の法服も制服と見てよいでしょう。強烈なメッセージ性が見てとれます。

また、制服とまではいかなくとも、職業によっては服装の自由度を制限されるものもあります。日本のビジネスマンのスーツはその一つといってよいでしょう。どこからも規制されるわけではありませんが、ビジネスマンにとってスーツ以外の衣服で通勤することは、いまでも会社という組織を否定するほどの度胸と勇気のいることとなっているようです。

その中で個性を発揮できるところとなると、男性の場合、わずかに襟元のいわゆるVゾーンということになり、勢い、ネクタイがファッションに占める割合が大きくなります。このわずかばかりの空間に前項の意味をこめるのですから、職業とファッションの両立は難しくなります。

(b) 自由時間のファッション

休日などの自由時間こそが、誰にも制約されることなくファッションを楽しめる時間です。自分のそのときの気分に合った色彩を身につけるのもよいでしょうし、思い切ったイメージチェンジをしてみるのもいいでしょう。

これまでの自分のイメージを打ち破るために、好きな色彩でなく、なりたい性格の色彩で選んでみるのも面白いかもしれません。普段、青を着て堅実誠実を売り物にしている方は思い切って赤を着て、新しい自分を作る努力、練習をするのも面白いのではないでしょうか？　茶色で来た人が紫に変身して周りを驚かすのも面白そうですね。

衣服の色彩といえば流行色があります。この流行色は周到に計画されたものなのです。すなわち、自発的に〝流行した〟のではなく、誰かの意思によって〝流行させられた〟ものなのです。それが誰かというと国際流行色委員会（インターカラー）という国際組織です。各国から代表が参加しますが、日本からは日本ファッション協会流行色情報センター（ＪＡＦＣＡ）が参加しています。そこで二年後の流行色を何にするかが議論され、決定されるのです。その色を元にして各国で製品化の準備を進め、本番である二年後には各社足並みを揃えて流行色のファッションアイテムを販売するということになります。

しかし、中には自然発生的に出てくるものもあり、ファッション業界は気を抜くことができないのだそうです。

第7章　未来の光技術

光と色彩は人類の誕生とともに生活をともにしてきた親友のようなものです。光と色彩のない生活は考えられません。しかし、光に絞って考えてみれば、このような親友の姿は、人類発祥の何百万年前からついぞ変わらないものでした。太陽の光と、物が燃えるときに出る燃焼光だけでした。ホタルや夜光虫のような生物発光もありますが、利用にはいたりませんでした。

人類が電気による発光を手に入れたのは、つい一五〇年足らずの昔でしかありません。しかし、それ以降の光の変化と進歩は目覚ましいものがあります。白熱灯、ネオンサイン、水銀灯、蛍光灯と、次々と新しい光が生み出されました。さらにはブラウン管、プラズマ発光、ＬＥＤと、ただ明るいだけではなく、明るさに特殊機能の付加したものが次々と開発され、発展しました。そして、すぐ次には有機ＥＬが控えています。

未来の光と色彩はどのようになるのでしょう？　ここではテレビを例にとって、将来の光と色彩に関する技術について見てみましょう。

7－1　プラズマテレビと液晶テレビ

人類は、ブラウン管を通じて光によって絵を描くという、画期的な技術を開発しました。そのテレビはいまやブラウン管を卒業し、液晶、プラズマを経由して有機ＥＬ方式に突入しようとしています。

テレビの発展

　ブラウン管方式のテレビは、ブラウン管の裏側（内側）に塗った蛍光剤に電子銃で電子を照射し、それによって蛍光剤を発光させて画像を描かせるものです。この方式では一ヵ所の電子銃で広い画面に電子を照射するため、電子銃と画面との間に距離が必要になります（図7－1）。そのため、画面が大きくなるとテレビの奥行きも大きくなり、ブラウン管が硝子製であることもあって、テレビは重くなります。

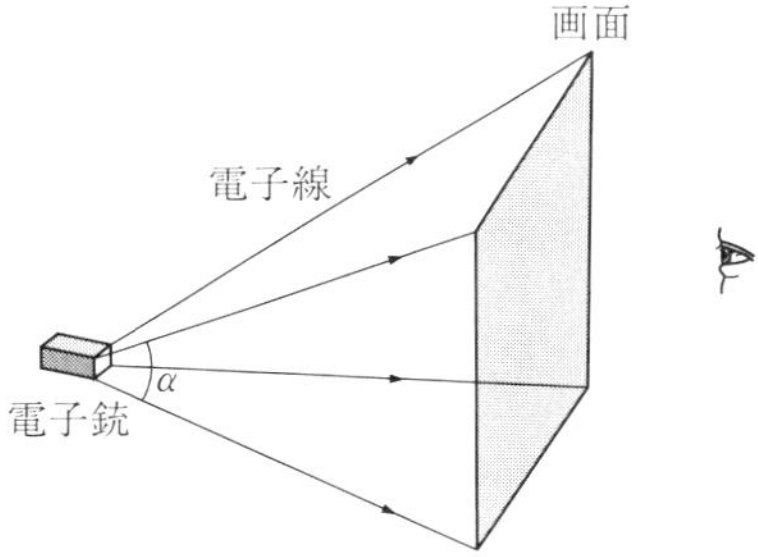

図7-1　ブラウン管テレビのしくみ　電子銃の角度があるので、奥行き（厚み）が必要になる。

　これを解消したのがいわゆる薄型テレビであり、現在市販されているものには、主としてプラズマ型と液晶型があります。

　同じ薄型テレビといわれながら、プラズマ型と液晶型の原理はまったく異なります。プラズマテレビは自ら光って絵を描きますが、液晶テレビは光を隠して絵を描きます。陽と陰の関係です。いわば正反対の関係です。

性能も価格も似たような技術に莫大な費用を投じるのは、浪費と思われるかもしれませんが、競争による技術の向上、さらには周辺技術の開発など、テレビ以外のところまで含めて考えれば、やはり価値ある技術開発なのです。

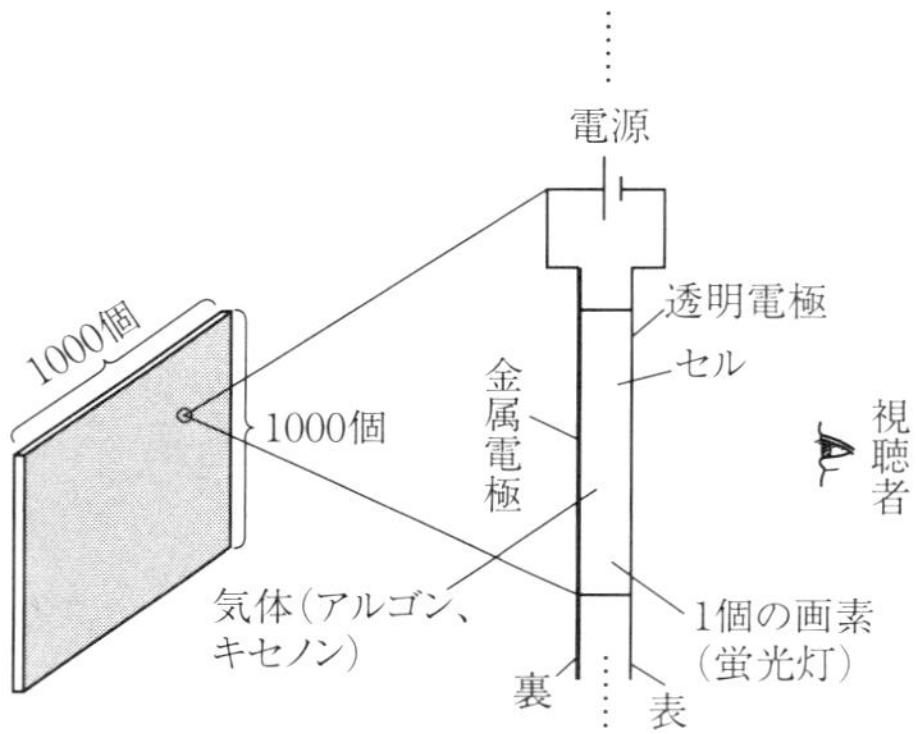

図7-2　プラズマテレビのしくみ　たくさんの蛍光灯が並んだものと考えることができる。

プラズマテレビのしくみ

プラズマテレビの製作技術は、電気技術の門外漢の私などから見ると、まるで悪魔の仕業か、と思わせるものがありますが、原理的には単純で、蛍光灯がたくさん並んでいると考えればよいのです。しかし、四〇〜五〇センチメートル四方ほどの画面に一〇〇万個（!）の蛍光灯（一〇〇万画素の場合）を並べるという技術は驚嘆に値します。

図7－2に原理を示しました。画面に敷き詰められたセル（単位蛍光灯）の中にアルゴンやキセノンなど、希ガス元素の気体が封じ込められています。ここに電流を通すと気体原子の電子が外れ、マイナスの電子とプラスの原子イオンからなるプラズマ状態となります。その後、この両

イオンが再び合体して元の原子に戻るときに、余分のエネルギーを光として放出します。私たちはその光を見ているのです。

すなわち、明るい絵の一部になって色彩を放っているセルはそのとき点灯して光を出しているのですが、影を表現するため黒くなっているセルは点灯していないのです。そして、点灯していないセルは当然ながら電力を消耗していない（電気を使っていない）のです。これは、後に見る、液晶テレビとは大きく異なります。その意味で、光で直接絵を表現しているといえるのです。

プラズマテレビでは、電源の電極が視聴者の側に来ます。したがって、普通だったら電極に隠れて何も見えなくなりそうなものですが、心配はいりません。プラズマテレビの電極は透明電極というものであり、硝子と同じように透明でありながら、金属と同じように電気を通すというすぐれものです。これは液晶テレビでも使われているものです。

透明電極は、硝子にスズ（英語でチン、tinといいます）と酸化インジウムIn_2O_3を蒸着したもので、頭文字を組み合わせてＩＴＯ電極ともいわれます。

カラー化のしくみ

先に説明したしくみだけでは、テレビは明るくなったり暗くなったりするだけです。これでは

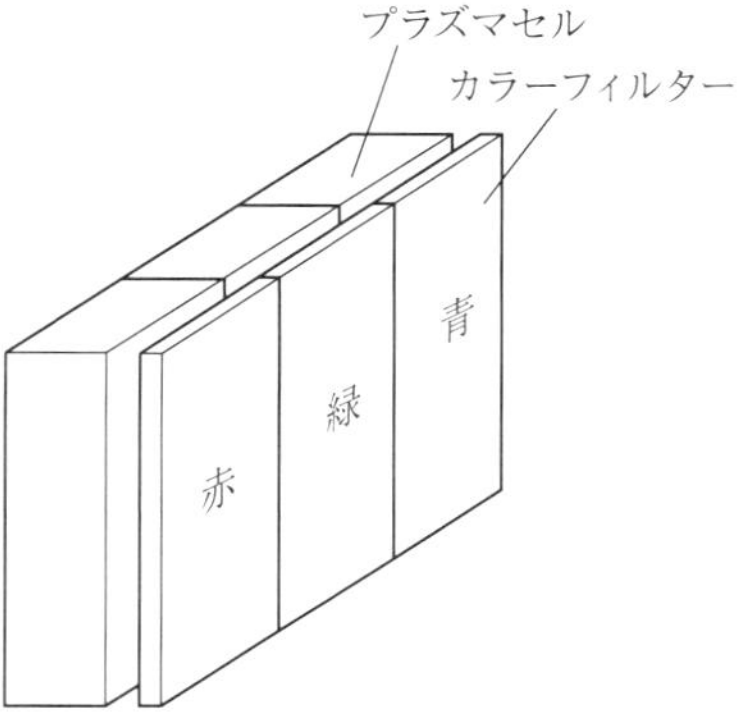

図7-3　カラー化のしくみ　セルの前に色彩の着いたフィルターを置き、セルを点灯させればそれぞれの色のフィルターの色が見える。

商品になりません。カラーテレビにするにはどうしたらよいのでしょうか？

これまた、技術的には大変なものですが、原理的には簡単なことなのです。セルの前（視聴者側）に色彩の着いたカラーフィルターを置くだけです。赤いフィルターを置いたセルが点灯すれば赤く見え、青いフィルターを置いたセルが点灯すれば青く見えます（図7－3）。

技術的には、上で見た単位セルを三等分し、それぞれに光の三原色、赤、緑、青のフィルターを置いて、独立に点灯するようにするのです。こう書くと単純に見えますが、大変な技術であることには違いありません。

液晶テレビのしくみ

液晶テレビは、化学的な技術であり、分子の行動を利用したものです。液晶テレビを見る前に、液晶分子の構造と行動を見ておきましょう。

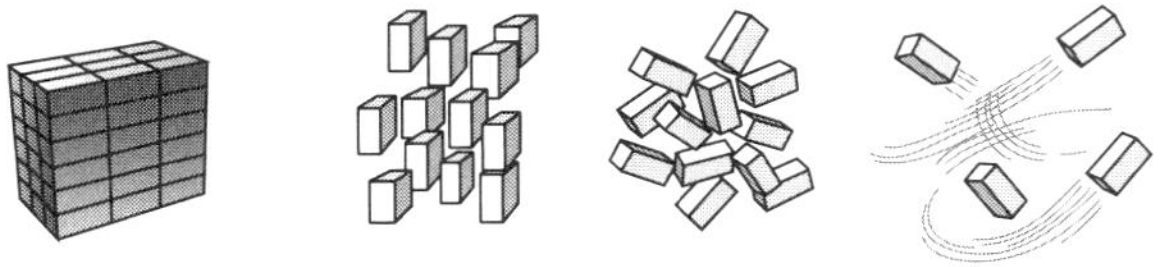

図7-4　**いろいろの状態**　液晶は状態の一つであり、小川のメダカのように移動はするが、常に同じ方向を向いている。

（a）液晶状態

まず、誤解があるといけないので、液晶とはどういうものかを明らかにしておきましょう。〝液晶〟は水や食塩のような物質の名前ではありません。〝結晶〟や〝気体〟と同じように、物質の状態につけられた名前です。

多くの物質には、固体、液体、気体という三つの基本的な状態があります（図7－4）。身近な物質の水で考えれば、固体は結晶の氷であり、液体はいわゆる水のことです。そして気体は水蒸気です（湯気は水に近いもので、気体ではありません）。

固体の水（氷）では、水分子は定まった位置に定まった方向を向いて、ジッと動かないでいます。液体（水）になると、分子は勝手気ままに動き出しますが、分子間の間隔は固体状態とほぼ同じですので、密度は固体（氷）とほぼ同じ（ともに約一g／cm³）です。ところが気体になると分子は時速何百キロメートルもの高速で飛び回るので、体積は一挙に膨張します（一モル＝一八グラムの水の体積は、液体では

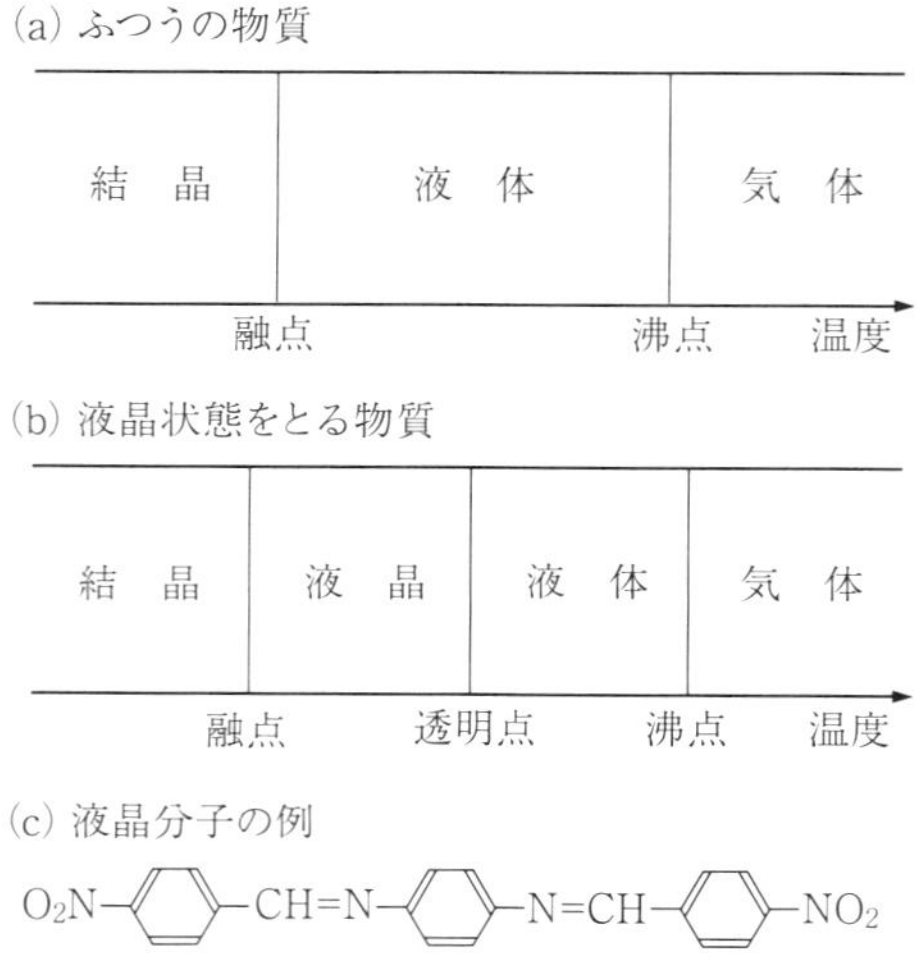

図7–5　液晶になることのできる特殊な分子　冷却すれば結晶となり、加熱すれば液体となるのが特徴。

一八ミリリットル、気体では二二・四リットル＝二万二四〇〇ミリリットルにもなります）。

物質の状態は温度によって変化します。すなわち、〝固体〟の氷を加熱すると融点（ゼロ度）で溶けて、流動的な〝液体〟になり、さらに加熱すると沸点（一〇〇度）で〝気体〟になります。

ところが、特殊な物質の場合にはこの変化の様子が異なります。〝固体（結晶）〟を加熱すると、融点で溶けて流動的になりますが、液体に特有な透明にはならないのです。〝流動性はあるが透明性はない〟、この状態を〝液晶状態〟といいます（図7－5）。液晶状態の物質をさらに加熱すると、透明点で透明な〝液体〟になり、さらに加熱すると、〝気体〟になります（分解するものもあります）。

すなわち液晶とは、ある温度範囲（融点〜透明点）に限って現れる状態につけられた名前なのです。したがって、液晶のケータイを冷凍庫に入れて、融点以下に冷却したら、液晶は凍って結晶になりますから液晶機能を喪失します。すなわち液晶画面は消えてしまいます。反対に、暖めて透明点以上にしても同じことです。

液晶状態になる分子は特殊な分子であり、多くの場合、図に示したように長細い形をした分子です。

（b）液晶の性質

液晶状態の分子は、小川のメダカに例えるのがもっとも分かりやすいでしょう。小川のメダカは自由に移動しますが、水の流れに流されないように常に上流を向いています。液晶分子も同じです。液体のように流動性を持ち、自由に移動しますが、分子は常に一定方向を向いています（図7－4参照）。このように、常に一定方向を向いているというのが液晶の最大の特徴であり、液晶の機能もここから出ているのです。

このような液晶分子を、二枚の透明電極の間に挟み、液晶分子の配向を制御するために透明電極に擦り傷をつけておきます。すると液晶分子は、いっせいに擦り傷の方向を向いてしまいます（図7－6（a））。単純といえば単純な話です。

ところが、電極間に通電すると、液晶分子はいっせいに電流方向に向きを変えるのです（図7

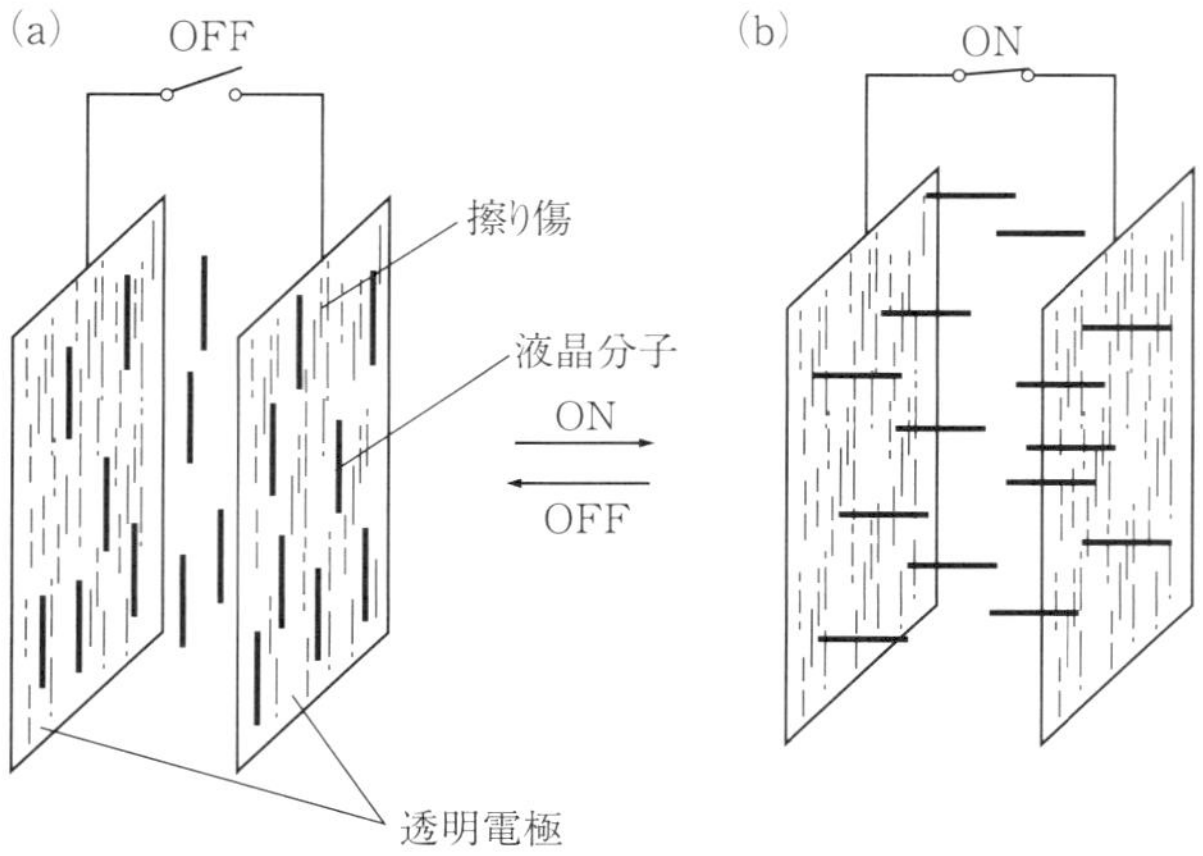

図7-6 液晶の配向制御 通電していない状態では透明電極に擦り傷があればその方向を向き、通電すれば電流の方向を向く。

-6(b))。しかし、電流を切るとまた元の擦り傷の方向を向きます。この可逆的変化を、何回でも飽きずに繰り返すのです。

(c) 液晶テレビのしくみ

図7-7は液晶テレビの原理を模式的に表したものです。パネルが二枚になっていることに注意してください。一枚は発光パネルで、常に輝き続けています。もう一枚が液晶の入った液晶パネルです。液晶パネルは影絵の影の働きをします。すなわち発光パネルの光を遮って観察者に見えなくするのです。

簡単化するため、液晶分子を短冊形にして表示しました。通電によって、液晶分子がどのような働きをするのか、見てみましょう。

①通電していない状態①では、液晶短冊分

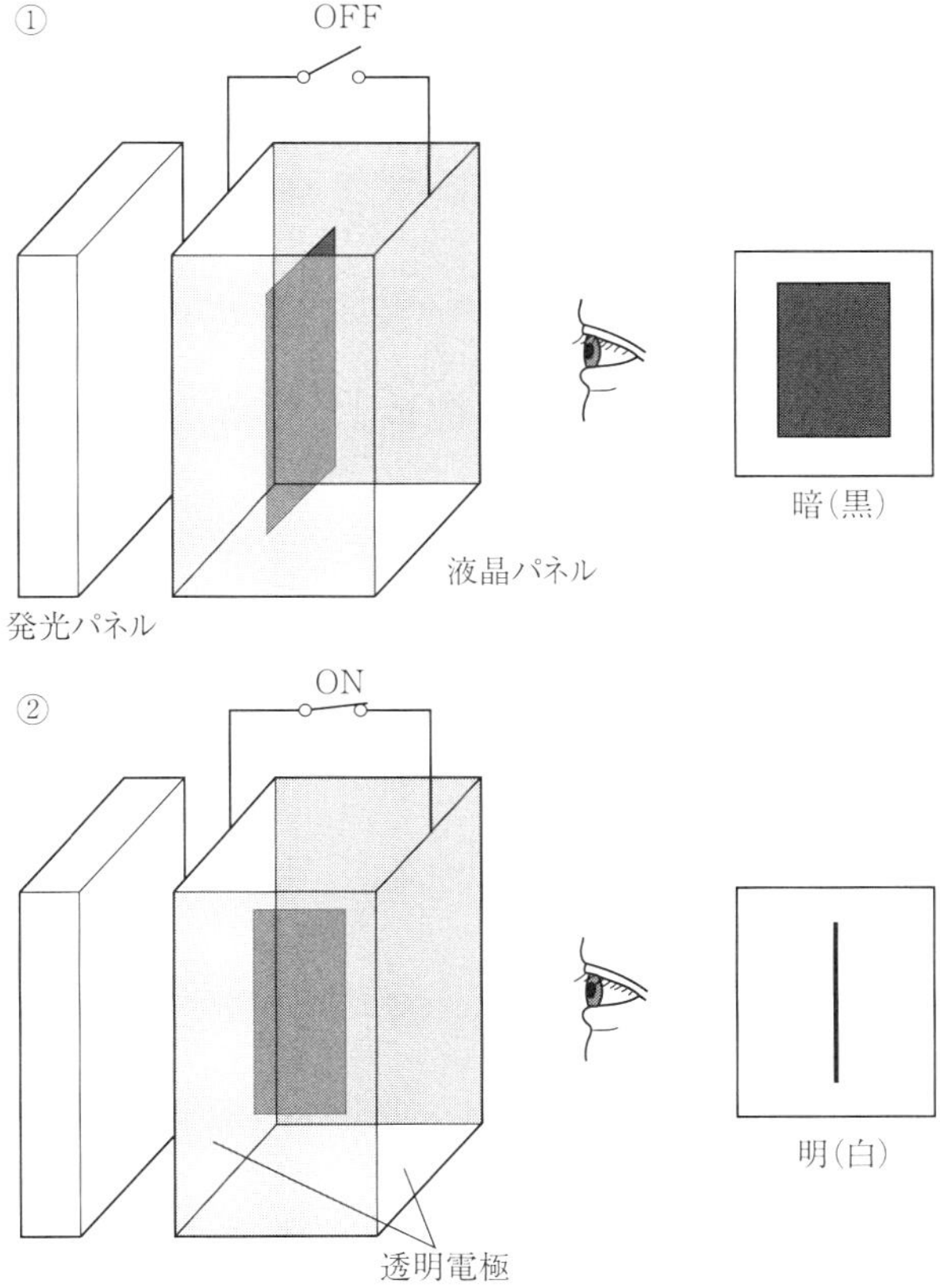

図7-7　液晶表示のしくみ　①では発光パネルが液晶分子で遮られるので画面は暗いが、②では光が通過するので明るく見える。

子は擦り傷に引かれて、発光パネルに水平になります。そのため、発光パネルの光は液晶分子で遮られますから画面は暗く（黒）なります。

②それに対して通電状態②では、液晶短冊分子は発光パネルに垂直になります。そのため光は液晶パネルを通過するので画面は明るく（白）なります。

③カラー化は先に見たプラズマテレビの場合と同じであり、カラーフィルターで対応します。

原理は以上で終わりです。あとは画面を細分化して、それぞれに電極と通電装置を装着して駆動するだけです。したがってここにも電気技術のとんでもないノウハウが詰まっているわけですが、詳しいことは、解説書をご覧ください。

7－2　有機ELテレビ

プラズマテレビは蛍光灯の原理で輝きました。液晶テレビでは、発光パネルに小型蛍光灯が入っています。すなわち、プラズマテレビも液晶テレビも、発光のしくみそのものは従来の発光技術を応用していることになります。しかし、有機ELの発光原理はまったく異なります。有機物そのものが光るのです。

有機ＥＬのしくみ

有機ＥＬでは有機物が発光体になります。有機物がなぜ光るのか、ということは、細かく考えれば大変に複雑な話になりますが、ここではできるだけ単純化して、分かりやすい形でご紹介しましょう。

その前に、有機物とは何か、という基本的なことを明らかにしておきましょう。世界は原子からできていますが、原子の種類は一一〇種類以上あります。これらの原子が結合して分子を作ります。そのうち、炭素原子を含む分子で、一酸化炭素COや二酸化炭素CO_2などのような簡単なものを除いた分子を有機分子、有機化合物、あるいは有機物と呼んでいます。有機物以外の分子はすべて無機物ということになります。

（ａ）発光原理

有機ＥＬの発光原理の基本は、３－２節の図３－７そのものです。基底状態にある有機物が電気エネルギーによって励起状態になり、それがまた基底状態に戻るときに、そのエネルギー差ΔEを光として放出します。有機物には色彩を持つ分子がたくさんあり、それは一般に有機色素と呼ばれます。有機色素が色彩を持つのは、色相環に示された光を吸収するからであり、その吸収した光の補色を色彩として発現するのです。

有機色素の研究の歴史は永く、その合成法はほとんど完成の域に達しています。いまや、有機合成色素で表現できない色彩はないといっても過言ではないでしょう。これは有機色素を用いれば、どんな色彩の光をも発光させることができるということを意味します。

（b）有機ＥＬの発光のしくみ

有機ＥＬは新しく開発された発光システムです。そのため、まだ洗練されていません。いくつかの試験的なシステムが、共存して互いに自分の長所を宣伝しあっています。そのうちどれかのシステムに収斂してゆくのでしょうが、目下のところは競争も仕方がないことでしょう。

もっとも基本的なシステムは、二枚の電極の間に五層の有機物を挟むというものです。観察者から見える側の電極を透明電極（陽極）とし、（陽極）―正孔注入層―正孔輸送層―発光層―電子輸送層―電子注入層―（陰極）の順に並べます。正孔は電気のプラス（＋）、電子は電気のマイナス（－）と考えます。

陰極から入った電子（マイナスの電気）は、陰極→電子注入層→電子輸送層→発光層と進みます。一方、陽極から入った正孔（プラスの電気）は、陽極→正孔注入層→正孔輸送層→発光層と進み、発光層で＋と－の電子が合体してエネルギーとなり、発光するのです。観察者はこの光を陽極の透明電極を通して見ることになります（図７－８）。
しかし、これでは複雑すぎるということで、現在は（陽極）―正孔輸送層―発光層―電子輸送層―（陰極）の三層に単純化したものが主流になっていますが、将来的には（陽極）―発光層―（陰極）という、一層構造にするための開発が進んでおり、実用化も近いようです。

（ｃ）色彩光の発光

有機ＥＬの長所の一つは発光体が色素だということです。すなわち、図７－８で見たように、有機色素は色素としての色彩の補色の光を発光します。プラズマや液晶と違い、色彩を持った光を発光できるので、カラーフィルターの必要性はまったくありません。有機ＥＬはカラーテレビなどの色彩表示にはうってつけということになります。
このような長所も、有機ＥＬの表示システム実現が待たれる理由の一つに数えられています。

有機ＥＬテレビ

有機ＥＬテレビの構造はいたって単純です。透明なプラスチックの電極の上に、図に示したような有機物を塗り重ね、その上にまた電極を置けば完成です。通電すれば有機物がまばゆいほどに煌々と輝きますし、電流を切れば発光は止まって暗くなります。

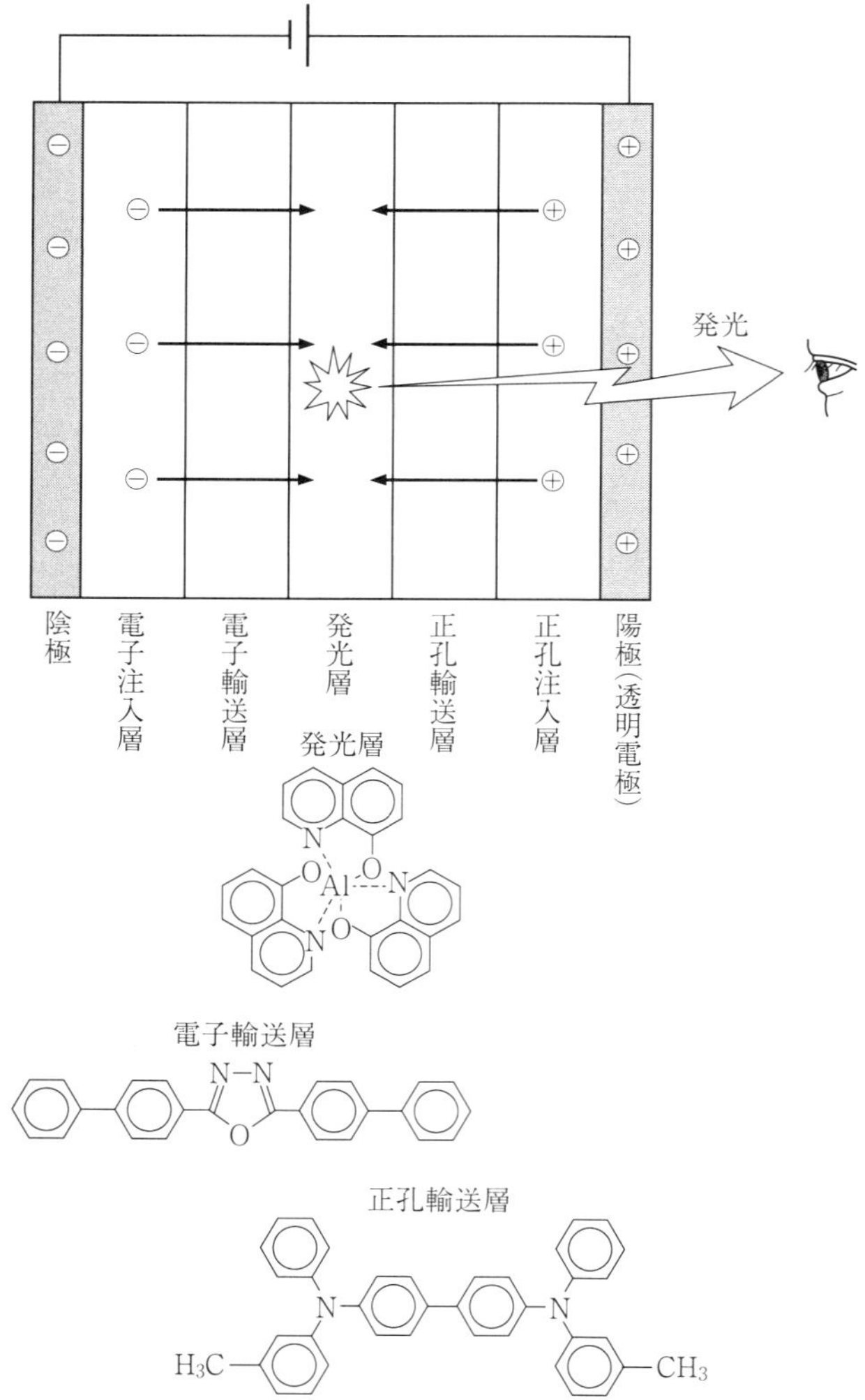

図7-8　有機ELのしくみ　陰極から来た電子と正極から来た正孔が発光層で合体して光を発する。

(a) 特徴

この結果、有機ＥＬは次のようなすぐれた特徴を持つことになります。

①プラスチックフィルムのように軽くて薄く、屈曲が自由。

②大面積のテレビが作成可能。

③発光しないときには通電しないので省エネルギー。

現在のところ、有機ＥＬはテレビへの応用が期待されています。そのため、薄く軽いことが重要視されていますが、屈曲自由ということも大きな特徴です。

屈曲性を利用すれば、自動車のボディー全体をテレビにすることも可能です。そうなったら、宣伝カーとしても使え、迷彩色への応用も可能でしょう。カメレオン戦車です。さらに、戦闘服に応用したら究極のカメレオン部隊です。

また、物体の表面に、その後ろの景色を映し出したら、その物体はあたかも透明のように見えることになります。これを軍隊で利用したら透明戦闘部隊の出現です。このような物騒な応用は願い下げにしたいものですが、技術的には十分に出現可能ですし、すでに実用化に向けた研究が進められているようです。

平和的な応用としては大画面を利用して、部屋の内部をすべてテレビにすることです。壁から天井、床まですべてテレビで囲まれた部屋にサンゴ礁を映したら、いながらにして海底遊歩の気分を満喫することができます。

(b) 照明への応用

現在注目されている、有機ELのもう一つの応用は、照明です。有機ELは照明器具として考えても画期的なものなのです。いままでの照明器具を考えてみましょう。ロウソクも、ガス灯も、白熱灯も、発光ダイオード(無機EL)も、すべては大小はあるにしても点光源です。一点から放射状に光が出るのです。蛍光灯も線光源とはいっても、長さはせいぜい一メートル程度ですから、点光源と大差ありません。

ところが有機ELは完全な面光源なのです。天井一面、壁一面が均一に発光するのです。このような光源は、人類がいままで手にしたことのないものです。

部屋のすべての面、四方の壁、天井、床がすべて光ったら、影はなくなります。影のない物体とはどのようなものでしょう? デザイン、広告、ファッションの分野に新しい可能性を持ち込むのではないでしょうか。

工業的な利用法でも多くの可能性が考えられます。高速道路のトンネルの壁面全体が光ったら運転しやすくなり、事故が減少するのではないでしょうか? 暗闇を歩くときに衣服全体が光ったらどんなに安全なことでしょう？　プレゼントを包んだ包装紙が光ったら、どんなにロマンチックなプレゼントになるでしょう？　ウェディングドレスが輝いたら？　クリスマスカードが光ったら？　どんなに素晴らしいことでしょう。

有機ＥＬの需要は、テレビよりもこのような照明のほうが大きいのかもしれません。有機ＥＬの応用は発想の赴くままです。有機ＥＬは明日の光、明日の色彩なのです。

参考図書

光と色彩といっても、そこにはさまざまな分子とのかかわり、生理や精神とのかかわりがあります。本書で飽き足りなかったら、次の参考図書を読むことをお奨めします。

稲村耕雄『色彩論』岩波書店（一九五五）
金子隆芳『色彩の科学』岩波書店（一九八八）
今井一洋編『生物発光と化学発光』広川書店（一九八九）
金子隆芳『色彩の心理学』岩波書店（一九九〇）
大河原信、松岡賢、平嶋恒亮、北尾悌次郎『機能性色素』講談社（一九九二）
大山正『色彩心理学入門』中央公論社（一九九四）
中東美明『生命の科学』培風館（一九九八）
P・W・アトキンス著　千原秀昭、中村亘男訳『アトキンス物理化学』東京化学同人（二〇〇一）
齋藤勝裕『超分子化学の基礎』化学同人（二〇〇一）
齋藤勝裕『目で見る機能性有機化学』講談社（二〇〇二）

〈た行〉

〈な行〉

さくいん

N.D.C.425　190p　18cm

ブルーバックス　B-1701

光《ひかり》と色彩《しきさい》の科学《かがく》
発色の原理から色の見える仕組みまで

2010年10月20日　第１刷発行
2025年３月19日　第６刷発行

著者　齋藤勝裕《さいとうかつひろ》
発行者　篠木和久
発行所　株式会社講談社
〒112-8001 東京都文京区音羽2-12-21
電話　出版　03-5395-3524
販売　03-5395-5817
業務　03-5395-3615
印刷所　（本文印刷）株式会社ＫＰＳプロダクツ
（カバー表紙印刷）信毎書籍印刷株式会社
本文データ制作　講談社デジタル製作
製本所　株式会社国宝社

定価はカバーに表示してあります。
©齋藤勝裕　2010, Printed in Japan
落丁本・乱丁本は購入書店名を明記のうえ、小社業務宛にお送りください。送料小社負担にてお取替えします。なお、この本についてのお問い合わせは、ブルーバックス宛にお願いいたします。
本書のコピー、スキャン、デジタル化等の無断複製は著作権法上での例外を除き禁じられています。本書を代行業者等の第三者に依頼してスキャンやデジタル化することはたとえ個人や家庭内の利用でも著作権法違反です。

ISBN978-4-06-257701-4

発刊のことば

科学をあなたのポケットに

二十世紀最大の特色は、それが科学時代であるということです。科学は日に日に進歩を続け、止まるところを知りません。ひと昔前の夢物語もどんどん現実化しており、今やわれわれの生活のすべてが、科学によってゆり動かされているといっても過言ではないでしょう。

そのような背景を考えれば、学者や学生はもちろん、産業人も、セールスマンも、ジャーナリストも、家庭の主婦も、みんなが科学を知らなければ、時代の流れに逆らうことになるでしょう。

ブルーバックス発刊の意義と必然性はそこにあります。このシリーズは、読む人に科学的に物を考える習慣と、科学的に物を見る目を養っていただくことを最大の目標にしています。そのためには、単に原理や法則の解説に終始するのではなくて、政治や経済など、社会科学や人文科学にも関連させて、広い視野から問題を追究していきます。科学はむずかしいという先入観を改める表現と構成、それも類書にないブルーバックスの特色であると信じます。

一九六三年九月　野間省一